国家出版基金资助项目

现代数学中的著名定理纵横谈丛书

丛书主编　王梓坤

VAN DER WAERDEN CONJECTURE

van der Waerden猜想

刘培杰数学工作室　编

哈爾濱工業大學出版社
HARBIN INSTITUTE OF TECHNOLOGY PRESS

内容简介

本书主要介绍了 van der Waerden 猜想的相关理论,共包含三编,详细介绍了矩阵的积和式、(0,1)-矩阵的相关知识及双随机矩阵等内容.

本书适合大中师生及数学爱好者参考阅读.

图书在版编目(CIP)数据

van der Waerden 猜想/刘培杰数学工作室编. —
哈尔滨:哈尔滨工业大学出版社,2024. 3
(现代数学中的著名定理纵横谈丛书)
ISBN 978-7-5603-9811-2

Ⅰ. ①V… Ⅱ. ①刘… Ⅲ. ①组合数学 Ⅳ. ①O157

中国版本图书馆 CIP 数据核字(2021)第 225846 号

VAN DER WAERDEN CAIXIANG

策划编辑　刘培杰　张永芹
责任编辑　王勇钢　李　欣
封面设计　孙茵艾
出版发行　哈尔滨工业大学出版社
社　　址　哈尔滨市南岗区复华四道街 10 号　邮编 150006
传　　真　0451-86414749
网　　址　http://hitpress. hit. edu. cn
印　　刷　辽宁新华印务有限公司
开　　本　787 mm×960 mm　1/16　印张 15.25　字数 167 千字
版　　次　2024 年 3 月第 1 版　2024 年 3 月第 1 次印刷
书　　号　ISBN 978-7-5603-9811-2
定　　价　98.00 元

⊙代序

读书的乐趣

你最喜爱什么——书籍.

你经常去哪里——书店.

你最大的乐趣是什么——读书.

这是友人提出的问题和我的回答.真的,我这一辈子算是和书籍,特别是好书结下了不解之缘.有人说,读书要费那么大的劲,又发不了财,读它做什么?我却至今不悔,不仅不悔,反而情趣越来越浓.想当年,我也曾爱打球,也曾爱下棋,对操琴也有兴趣,还登台伴奏过.但后来却都一一断交,“终身不复鼓琴”.那原因便是怕花费时间,玩物丧志,误了我的大事——求学.这当然过激了一些.剩下来唯有读书一事,自幼至今,无日少废,谓之书痴也可,谓之书橱也可,管它呢,人各有志,不可相强.我的一生大志,便是教书,而当教师,不多读书是不行的.

读好书是一种乐趣,一种情操;一种向全世界古往今来的伟人和名人求教的方法,一种和他们展开讨论的方式;一封出席各种活动、体验各种生活、结识各种人物的邀请信;一张迈进科学宫殿和未知世界的入场券;一股改造自己、丰富自己的强大力量.书籍是全人类有史以来共同创造的财富,是永不枯竭的智慧的源泉.失意时读书,可以使人重整旗鼓;得意时读书,可以使人头脑清醒;疑难时读书,可以得到解答或启示;年轻人读书,可明奋进之道;年老人读书,能知健神之理.浩浩乎!洋洋乎!如临大海,或波涛汹涌,或清风微拂,取之不尽,用之不竭.吾于读书,无疑义矣,三日不读,则头脑麻木,心摇摇无主.

潜能需要激发

我和书籍结缘,开始于一次非常偶然的机会.大概是八九岁吧,家里穷得揭不开锅,我每天从早到晚都要去田园里帮工.一天,偶然从旧木柜阴湿的角落里,找到一本蜡光纸的小书,自然很破了.屋内光线暗淡,又是黄昏时分,只好拿到大门外去看.封面已经脱落,扉页上写的是《薛仁贵征东》.管它呢,且往下看.第一回的标题已忘记,只是那首开卷诗不知为什么至今仍记忆犹新:

日出遥遥一点红,飘飘四海影无踪.

三岁孩童千两价,保主跨海去征东.

第一句指山东,二、三两句分别点出薛仁贵(雪、人贵).那时识字很少,半看半猜,居然引起了我极大的兴趣,同时也教我认识了许多生字.这是我有生以来独立看的第一本书.尝到甜头以后,我便千方百计去找书,向小朋友借,到亲友家找,居然断断续续看了《薛丁山征西》《彭公案》《二度梅》等,樊梨花便成了我心中的女英雄. 我真入迷了. 从此,放牛也罢,车水也罢,我总要带一本书,还练出了边走田间小路边读书的本领,读得津津有味,不知人间别有他事.

当我们安静下来回想往事时,往往会发现一些偶然的小事却影响了自己的一生. 如果不是找到那本《薛仁贵征东》,我的好学心也许激发不起来. 我这一生,也许会走另一条路. 人的潜能,好比一座汽油库,星星之火,可以使它雷声隆隆、光照天地;但若少了这粒火星,它便会成为一潭死水,永归沉寂.

抄,总抄得起

好不容易上了中学,做完功课还有点时间,便常光顾图书馆. 好书借了实在舍不得还,但买不到也买不起,便下决心动手抄书. 抄,总抄得起. 我抄过林语堂写的《高级英文法》,抄过英文的《英文典大全》,还抄过《孙子兵法》,这本书实在爱得狠了,竟一口气抄了两份. 人们虽知抄书之苦,未知抄书之益,抄完毫末俱见,一览无余,胜读十遍.

始于精于一,返于精于博

关于康有为的教学法,他的弟子梁启超说:“康先生之教,专标专精、涉猎二条,无专精则不能成,无涉猎则不能通也.”可见康有为强烈要求学生把专精和广博(即“涉猎”)相结合.

在先后次序上,我认为要从精于一开始. 首先应集中精力学好专业,并在专业的科研中做出成绩,然后逐步扩大领域,力求多方面的精. 年轻时,我曾精读杜布(J. L. Doob)的《随机过程论》,哈尔莫斯(P. R. Halmos)的《测度论》等世界数学名著,使我终身受益. 简言之,即“始于精于一,返于精于博”. 正如中国革命一样,必须先有一块根据地,站稳后再开创几块,最后连成一片.

丰富我文采,澡雪我精神

辛苦了一周,人相当疲劳了,每到星期六,我便到旧书店走走,这已成为生活中的一部分,多年如此.一次,偶然看到一套《纲鉴易知录》,编者之一便是选编《古文观止》的吴楚材.这部书提纲挈领地讲中国历史,上自盘古氏,直到明末,记事简明,文字古雅,又富于故事性,便把这部书从头到尾读了一遍.从此启发了我读史书的兴趣.

我爱读中国的古典小说,例如《三国演义》和《东周列国志》.我常对人说,这两部书简直是世界上政治阴谋诡计大全.即以近年来极时髦的人质问题(伊朗人质、劫机人质等),这些书中早就有了,秦始皇的父亲便是受害者,堪称"人质之父".

《庄子》超尘绝俗,不屑于名利.其中"秋水""解牛"诸篇,诚绝唱也.《论语》束身严谨,勇于面世,"己所不欲,勿施于人",有长者之风.司马迁的《报任少卿书》,读之我心两伤,既伤少卿,又伤司马;我不知道少卿是否收到这封信,希望有人做点研究.我也爱读鲁迅的杂文,果戈理、梅里美的小说.我非常敬重文天祥、秋瑾的人品,常记他们的诗句:"人生自古谁无死,留取丹心照汗青""休言女子非英物,夜夜龙泉壁上鸣".唐诗、宋词、《西厢记》《牡丹亭》,丰富我文采,澡雪我精神,其中精粹,实是人间神品.

读了邓拓的《燕山夜话》,既叹服其广博,也使我动了写《科学发现纵横谈》的心.不料这本小册子竟给我招来了上千封鼓励信.以后人们便写出了许许多多的“纵横谈”.

从学生时代起,我就喜读方法论方面的论著.我想,做什么事情都要讲究方法,追求效率、效果和效益,方法好能事半而功倍.我很留心一些著名科学家、文学家写的心得体会和经验.我曾惊讶为什么巴尔扎克在51年短短的一生中能写出上百本书,并从他的传记中去寻找答案.文史哲和科学的海洋无边无际,先哲们的明智之光沐浴着人们的心灵,我衷心感谢他们的恩惠.

读书的另一面

以上我谈了读书的好处,现在要回过头来说说事情的另一面.

读书要选择.世上有各种各样的书:有的不值一看,有的只值看20分钟,有的可看5年,有的可保存一辈子,有的将永远不朽.即使是不朽的超级名著,由于我们的精力与时间有限,也必须加以选择.决不要看坏书,对一般书,要学会速读.

读书要多思考.应该想想,作者说得对吗?完全吗?适合今天的情况吗?从书本中迅速获得效果的好办法是有的放矢地读书,带着问题去读,或偏重某一方面去读.这时我们的思维处于主动寻找的地位,就像猎人追找猎物一样主动,很快就能找到答案,或者发现书中的问题.

有的书浏览即止,有的要读出声来,有的要心头记住,有的要笔头记录.对重要的专业书或名著,要勤做笔记,“不动笔墨不读书”.动脑加动手,手脑并用,既可加深理解,又可避忘备查,特别是自己的灵感,更要及时抓住.清代章学诚在《文史通义》中说:“札记之功必不可少,如不札记,则无穷妙绪如雨珠落大海矣.”

许多大事业、大作品，都是长期积累和短期突击相结合的产物. 涓涓不息，将成江河；无此涓涓，何来江河？

爱好读书是许多伟人的共同特性，不仅学者专家如此，一些大政治家、大军事家也如此. 曹操、康熙、拿破仑、毛泽东都是手不释卷，嗜书如命的人. 他们的巨大成就与毕生刻苦自学密切相关.

王梓坤

◎ 目录

第一编

van der Waerden 猜想

——从一道 IMO 试题的命制谈起

第1章 一道 IMO 试题的多种证法及由来

世界著名数学家 H. B. Fine 曾指出：

所有的数学家在世界的最广泛的意义下从事问题求解，在一种狭义下，一个被提出的问题代表了所夺取的一个前哨点，是我们征服未知的一个简单的交战. 毫不奇怪，数学的大战略家们，除去少数例外，都是极好的战术家.

1984 年，在捷克斯洛伐克举行的第 25 届国际数学奥林匹克竞赛的第 1 题是一道条件不等式题，在后来的 30 年中，数学竞赛选手及教练和不等式研究者给出了多种构思巧妙的证法，并从多个角度对其进行了推广. 下面我们选择几种典型证法及推广进行一下介绍. 在介绍解法之前先了解一个试题是如何命题的，以下是命题者恩格尔教授介绍关于此题的一篇文章的节选：

van der Waerden(范·德·瓦尔登)猜想
(布拉格,1984)

设 $\boldsymbol{S}$ 是一个 n 行 n 列的矩阵,元素是 a_{ij},$\boldsymbol{S}$ 的积和式定义为

$$\mathrm{per}(\boldsymbol{S}) = \sum_{\sigma} a_{1\sigma(1)} a_{2\sigma(2)} \cdots a_{n\sigma(n)}$$

求和遍及$(1,2,\cdots,n)$ 的一切排列 σ. $\boldsymbol{S}$ 称为双随机矩阵,是指它的每一行元素的和,每一列元素的和都等于1.

1927 年,van der Waerden 猜测:对于双随机矩阵 $\boldsymbol{S}$,成立着不等式

$$\mathrm{per}(\boldsymbol{S}) \geqslant \frac{n!}{n^n}$$

当且仅当 $a_{ij} = \dfrac{1}{n}$ 时等号成立,这里 $i,j = 1, 2,\cdots,n$. 这一猜测直到 1984 年才被证明. 我原想即使当 n =3 时,结果也不会显然,于是决心对 n = 3 来试一试. H. Minc 写过一本叫《积和式》的书,写在 van der Waerden 猜想未被证明之前,书中提到 n = 3 时,猜测被证明了,但绝不是显然的.

因此,我是从矩阵

$$\boldsymbol{S} = \begin{pmatrix} a_1 & a_2 & a_3 \\ b_1 & b_2 & b_3 \\ c_1 & c_2 & c_3 \end{pmatrix}$$

开始讨论的,由于

$$\begin{aligned} 1 = &(a_1 + a_2 + a_3)(b_1 + b_2 + b_3) \cdot \\ &(c_1 + c_2 + c_3) = \\ &\mathrm{per}(\boldsymbol{S}) + \text{其余 21 项} \end{aligned}$$

故我做了大量的运算，最终得到了下列题目

$$x,y,z \geqslant 0 \text{ 且 } x+y+z=1$$

求证：$0 \leqslant xy+yz+zx-2xyz \leqslant \frac{7}{27}$（第 25 届 IMO 第 1 题）.

我把这个问题寄到布拉格，并且说明这是对于 $n=3$ 时的 van der Waerden 猜想的证明. 后来的事实证明，这个题目太容易了，左边那个不等式甚至是已知的.

试题　证明：$0 \leqslant yz+zx+xy-2xyz \leqslant \frac{7}{27}$，式中 x，y，z 为非负实数，且 $x+y+z=1$.

证法 1　因为 x，y，z 为非负数，$x+y+z=1$，至少有一个数，比方说 $z \leqslant \frac{1}{2}$. 这样，给定的表达式

$$G=yz+zx+xy-2xyz=z(x+y)+xy(1-2z)$$

的各项为非负，其和必也非负. 对于 G 的最小值，x，y 中的某一个需为 1，另一个需为 0，这样 $G \geqslant 0$.

根据算术平均及几何平均不等式有

$$x+y \geqslant 2\sqrt{xy}$$

故

$$(1-z)^2=(x+y)^2 \geqslant 4xy$$

所以

$$G-\frac{7}{27}=z(x+y)+xy(1-2z)-\frac{7}{27} \leqslant$$

$$z(1-z)+\frac{1}{4}(1-z)^2(1-2z)-\frac{7}{27}$$

证法 2　不妨假定 $x \geqslant y \geqslant z$，则

$$x \geqslant \frac{1}{3} \geqslant z, x + y \geqslant \frac{2}{3}$$

$$yz + zx + xy - 2xyz \geqslant yz + zx + xy(1 - 2z) \geqslant$$
$$xy\left(1 - \frac{2}{3}\right) = \frac{1}{3}xy \geqslant 0$$

不等式的左边得证,下证不等式的右边.

令 $x + y = \frac{2}{3} + \theta, z = \frac{1}{3} - \theta, 0 \leqslant \theta \leqslant \frac{1}{3}$,则有

$$\begin{aligned} xy + yz + zx - 2xyz &= z(x + y) + xy(1 - 2z) \leqslant \\ & z(x + y) + \left(\frac{x + y}{2}\right)^2(1 - 2z) = \\ & \left(\frac{1}{3} - \theta\right)\left(\frac{2}{3} + \theta\right) + \\ & \left(\frac{1}{3} + \frac{\theta}{2}\right)^2\left(\frac{1}{3} + 2\theta\right) = \\ & \frac{7}{27} - \frac{\theta^2}{4} + \frac{\theta^3}{2} = \\ & \frac{7}{27} - \frac{\theta^2}{2}\left(\frac{1}{2} - \theta\right) \leqslant \frac{7}{27} \end{aligned}$$

故 $0 \leqslant G \leqslant \frac{7}{27}$. 当且仅当 $x = y = z = \frac{1}{3}$ 时,G 取最大值.

证法 3 因为 $x + y + z = 1$,由齐次多项式的性质可知,给定的左边不等式等价于

$$(x + y + z)(yz + zx + xy) \geqslant 2xyz$$

其中,$x \geqslant 0, y \geqslant 0, z \geqslant 0$.

这个不等式可以直接从已知的更精确的不等式

$$(x + y + z)\left(\frac{1}{x} + \frac{1}{y} + \frac{1}{z}\right) \geqslant 9 \qquad (1)$$

中推出. 式(1) 可以通过对左边的式子应用算术平均及几何平均不等式而推出,且等价于

$$(x+y+z)(yz+zx+xy) \geqslant 9xyz \qquad (2)$$

根据基本对称函数

$$T_1 \equiv x+y+z, T_2 \equiv yz+zx+xy, T_3 \equiv xyz$$

式(2) 可化成

$$T_1T_2 \geqslant 9T_3$$

给出的右边不等式 $G \leqslant \frac{7}{27}$ 等价于

$$(x+y+z)(yz+zx+xy)-2xyz \leqslant \frac{7}{27}(x+y+z)^3$$

或

$$7T_1^3 \geqslant 27T_1T_2-54T_3$$

已知"最佳" 的由 T_1^3, T_1T_2, T_3 构成的线性不等式为

$$T_1^3 \geqslant 4T_1T_2-9T_3 \qquad (3)$$

"最佳" 指如果有任何具有下列形式的固定不等式

$$T_1^3 \geqslant aT_1T_2-bT_3$$

那么

$$4T_1T_2-9T_3 \geqslant aT_1T_2-bT_3$$

特别地

$$4T_1T_2-9T_3 \geqslant \frac{27}{7}T_1T_2-\frac{54}{7}T_3$$

这就导致 $T_1T_2 \geqslant 9T_3$，得到不等式(1).

为了研究的全面，我们建立式(3). 经过一些代数运算，式(3) 变成 Schur(舒尔) 不等式在 $n=1$ 时的情况

$$x^n(x-y)(x-z)+y^n(y-z)(y-x)+z^n(z-x)(z-y) \geqslant 0 \qquad (4)$$

式(4) 中 $n \geqslant 0, x, y, z$ 为任意实数. 在不失一般性的情况下，我们可以假设 $x \geqslant y \geqslant z$. 那么式(4) 的不等性可以从两个明显的不等式中导出，即

$$x^n(x-y)(x-z) \geqslant y^n(x-y)(y-z)$$

及

$$z^n(z-x)(z-y) \geqslant 0$$

注 很多数学竞赛选手在这个问题中运用了多变量偏微分方法,这使不少评委感到不安. 应该指出,微积分方法并不在奥林匹克数学竞赛的书面大纲之内. 尽管偶然的一个竞赛题可以通过微积分求解,但这些问题都可以通过更基本的方法,以更简单的方式求解. 当然,因为许多选手都了解微积分且最优化方法又是标准方法,所以学生们可以运用它,尤其他们在当时还看不出其他的基本方法时. 但为了得满分,选手必须建立各种充分条件和必要条件.

证法4 不妨设 $x \geqslant y \geqslant z$. 由于 $x+y+z=1$,所以

$$3z \leqslant x+y+z=1, z \leqslant \frac{1}{3}$$

从而(因为 x,y,z 均非负)

$$2xyz \leqslant \frac{2}{3}xy \leqslant xy$$

于是

$$0 \leqslant yz+zx+xy-2xyz$$

现在来证明题中右边的不等式. 我们有

$$2y \leqslant x+y \leqslant x+y+z=1$$

所以 $y \leqslant \frac{1}{2}$. 又有

$$3x \geqslant x+y+z=1$$

所以 $x \geqslant \frac{1}{3}$,故

$$yz+zx+xy-2xyz=$$
$$y(z+x)+zx(1-2y) \leqslant$$

$$y(z+x)+zx(1-2y)+$$
$$\left(x-\frac{1}{3}\right)\left(\frac{1}{3}-z\right)(1-2y)=$$
$$y(z+x)+\frac{1}{3}\left(x+z-\frac{1}{3}\right)(1-2y)=$$
$$y\left(w+\frac{1}{3}\right)+\frac{1}{3}w(1-2y)=$$
$$\frac{1}{3}yw+\frac{1}{3}(y+w)$$

其中
$$w=x+z-\frac{1}{3}$$

显然
$$y+w=y+x+z-\frac{1}{3}=\frac{2}{3}$$

所以
$$yw\leqslant\frac{1}{4}(y+w)^2=\frac{1}{9}$$

从而
$$yz+zx+xy-2xyz\leqslant\frac{1}{3}\times\frac{1}{9}+\frac{1}{3}\times\frac{2}{3}=\frac{7}{27}$$

注　在证右边不等式时，我们采用的是“调整法”. 先将 x,z 调整为$\frac{1}{3}$，$w=x+z-\frac{1}{3}$，这时和 $x+z$ 不变，而 $yz+zx+xy-2xyz$ 的值增大. 然后再将 y,w 均调整为$\frac{1}{3}$. 显然这一不等式在(且仅在) $x=y=z=\frac{1}{3}$ 时，变为等式.

如果用柯西－施瓦兹(Cauchy-Schwarz)不等式，易得

$$\frac{1}{x}+\frac{1}{y}+\frac{1}{z}=\left(\frac{1}{x}+\frac{1}{y}+\frac{1}{z}\right)(x+y+z)\geqslant 9$$

去分母得

$$yz + zx + xy \geqslant 9xyz$$

即 $$yz + zx + xy - 9xyz \geqslant 0$$

这比题中左边的不等式强.

证法 5 不妨设

$$x \geqslant y \geqslant z \geqslant 0, x + y + z = 1$$

令

$$f(x,y,z) = yz + zx + xy - 2xyz = (x + z)y + (1 - 2y)xz$$

由于 $$1 - 2y = (x - y) + z \geqslant 0$$

易知 $$f(x,y,z) \geqslant 0$$

今证若 $x > z$,则

$$f(x,y,z) < \max_{x+y+z=1} f(x,y,z) \tag{5}$$

由于

$$\begin{aligned} & f(x - \varepsilon, y, x + \varepsilon) = \\ & (x + z)y + (1 - 2y)(x - \varepsilon)(z + \varepsilon) = \\ & (x + z)y + (1 - 2y)xz + (1 - 2y)(x - z - \varepsilon)\varepsilon = \\ & f(x,y,z) + (1 - 2y)(x - z - \varepsilon)\varepsilon \end{aligned}$$

当 $x > y$ 或 $z > 0$ 时

$$1 - 2y = (x - y) + z > 0$$

对足够小的正数 ε(如取 $\varepsilon = \frac{x - z}{2}$) 有

$$f(x - \varepsilon, y, z + \varepsilon) > f(x,y,z)$$

当 $x = y$ 且 $z = 0$ 时,$1 - 2y = 0$,此时有

$$f(x,y,z) = f(\frac{1}{2}, \frac{1}{2}, 0) = f(\frac{1}{2} - \varepsilon, \frac{1}{2}, \varepsilon) =$$

$$f(\frac{1}{2}, \frac{1}{2} - \varepsilon, \varepsilon) <$$

$$f\left(\frac{1}{2}-\varepsilon,\frac{1}{2}-\varepsilon,2\varepsilon\right)$$

所以总有

$$f(x,y,z) < \max_{x+y+z=1} f(x,y,z)$$

由已证的结果式(5)可知

$$\max_{x+y+z=1} f(x,y,z)=f\left(\frac{1}{3},\frac{1}{3},\frac{1}{3}\right)$$

所以

$$0 \leqslant yz+zx+xy-2xyz \leqslant \frac{7}{27}$$

上述证明方法称为小摄动法，如果所讨论的极值函数及表达约束条件的函数都是变量的对称函数，则极值往往在各变量相等时达到. 对这类问题，上述小摄动法常能奏效.

为了将其从3推广到n，再讨论一下$n=4$时的情况.

若x_1,x_2,x_3,x_4是满足$x_1+x_2+x_3+x_4=1$的非负数，则

$$0 \leqslant x_1x_2+x_1x_3+x_1x_4+x_2x_3+x_2x_4+x_3x_4-\frac{3}{2}(x_1x_2x_3+x_1x_2x_4+x_1x_3x_4+x_2x_3x_4) \leqslant \frac{9}{32}$$

证明 不妨设$x_1 \geqslant x_2 \geqslant x_3 \geqslant x_4 \geqslant 0$，并令

$$f(x_1,x_2,x_3,x_4)=x_1x_2+x_1x_3+x_1x_4+x_2x_3+x_2x_4+x_3x_4-\frac{3}{2}(x_1x_2x_3+x_1x_2x_4+x_1x_3x_4+x_2x_3x_4)$$

则

$$f(x_1,x_2,x_3,x_4)=x_1x_2\left(1-\frac{3}{2}(x_3+x_4)\right)+x_1x_3\left(1-\frac{3}{2}x_4\right)+x_1x_4+$$

$$x_2x_3\left(1-\frac{3}{2}x_4\right)+x_2x_4+x_3x_4$$

由

$$1-\frac{3}{2}(x_3+x_4)\left(x_1-\frac{1}{2}(x_3+x_2)\right)+x_2\geqslant 0$$

易知

$$f(x_1,x_2,x_3,x_4)\geqslant 0$$

又因

$$\begin{aligned}f(x_1,x_2,x_3,x_4)=&(x_1+x_4)(x_2+x_3)+x_1x_4+\\&x_2x_3-\frac{3}{2}((x_1+x_4)x_2x_3+\\&x_1x_4(x_2+x_3))=\\&(x_1+x_4)\left(x_2+x_3-\frac{3}{2}x_2x_3\right)+\\&x_2x_3+x_1x_4\left(1-\frac{3}{2}(x_2+x_3)\right)\end{aligned}$$

若 $x_1>x_4$,用小摄动法,则有

$$f(x_1-\varepsilon,x_2,x_3,x_4+\varepsilon)-f(x_1,x_2,x_3,x_4)=$$

$$((x_1-x_4-\varepsilon)\varepsilon)\left(1-\frac{3}{2}(x_2+x_3)\right)$$

由

$$1-\frac{3}{2}(x_2+x_3)=\left(x_1-\frac{1}{2}(x_2+x_3)\right)+x_4$$

知,当 $x_1>\frac{1}{2}(x_2+x_3)$ 或 $x_4>0$ 时,对小正数 ε 有

$$f(x_1-\varepsilon,x_2,x_3,x_4+\varepsilon)>f(x_1,x_2,x_3,x_4)$$

而当 $x_1=\frac{1}{2}x_2+x_3$ 且 $x_4=0$ 时

$$1-\frac{3}{2}(x_2+x_3)=0$$

此时有

$$f(x_1,x_2,x_3,x_4)=f(\frac{1}{3},\frac{1}{3},\frac{1}{3},0)=$$
$$f(\frac{1}{3}-\varepsilon,\frac{1}{3},\frac{1}{3},\varepsilon)=$$
$$f(\frac{1}{3},\frac{1}{3},\frac{1}{3}-\varepsilon,\varepsilon)<$$
$$f(\frac{1}{3}-\varepsilon,\frac{1}{3},\frac{1}{3}-\varepsilon,2\varepsilon)$$

综上有

$$f(x_1,x_2,x_3,x_4)\leqslant f(\frac{1}{4},\frac{1}{4},\frac{1}{4},\frac{1}{4})$$

所以

$$0\leqslant f(x_1,x_2,x_3,x_4)\leqslant\frac{9}{32}$$

杭州师范大学的赵小云将其推广到了 n 变量情形,若 $x_i(i=1,2,\cdots,n)$ 为满足 $x_1+x_2+\cdots+x_n=1$ 的非负数,且设

$$\begin{aligned}f(x_1,x_2,\cdots,x_n)=&x_1x_2+x_1x_3+\cdots+x_1x_n+\\&x_2x_3+\cdots+x_2x_n+\cdots+\\&x_{n-1}x_n-\frac{n-1}{n-2}((x_1x_2x_3+x_1x_2x_4+\cdots+\\&x_1x_2x_n+x_1x_3x_4+\cdots+x_1x_3x_n+\cdots+\\&x_1x_{n-1}x_n)+(x_2x_3x_4+x_2x_3x_5+\cdots+\\&x_2x_3x_n+x_2x_4x_5+\cdots+\\&x_2x_4x_n+\cdots+x_2x_{n-1}x_n)+\cdots+\\&x_{n-2}x_{n-1}x_n)\end{aligned}$$

则有

$$0\leqslant f(x_1,x_2,\cdots,x_n)\leqslant\frac{1}{6}(1-\frac{1}{n})(2+\frac{1}{n})$$

证明 不妨设 $x_1 \geqslant x_2 \geqslant \cdots \geqslant x_n \geqslant 0$,由于

$$f(x_1,x_2,\cdots,x_n)=$$

$$x_1x_2\left(1-\frac{n-1}{n-2}\sum_{j=3}^{n}x_j\right)+x_1x_3\left(1-\frac{n-1}{n-2}\sum_{j=4}^{n}x_j\right)+\cdots+$$

$$x_1x_{n-1}\left(1-\frac{n-1}{n-2}x_n\right)+x_1x_n+$$

$$x_2x_3\left(1-\frac{n-1}{n-2}\sum_{j=4}^{n}x_j\right)+x_2x_4\left(1-\frac{n-1}{n-2}\sum_{j=5}^{n}x_j\right)+\cdots+$$

$$x_2x_{n-1}\left(1-\frac{n-1}{n-2}x_n\right)+x_2x_n+\cdots+$$

$$x_{n-2}x_{n-1}\left(1-\frac{n-1}{n-2}x_n\right)+x_nx_{n-1}$$

及

$$1-\frac{n-1}{n-2}\sum_{j=3}^{n}x_j=\left(x_1-\frac{1}{n-2}\sum_{j=3}^{n}x_j\right)+x_2\geqslant 0$$

易知

$$f(x_1,x_2,\cdots,x_n)\geqslant 0$$

若 $x_1>x_n$,由于

$$f(x_1,x_2,\cdots,x_n)=(x_1+x_n)\sum_{j=2}^{n-1}x_j+x_1x_n+$$
$$\frac{1}{2}\sum_{\substack{i,j=2\\ i\neq j}}^{n-1}x_ix_j-\frac{n-1}{n-2}\Bigg(x_1x_2\sum_{j=2}^{n-1}x_j+$$
$$\frac{x_1+x_n}{2}\sum_{\substack{i,j=2\\ i\neq j}}^{n-1}x_ix_j+\frac{1}{3}\sum_{\substack{i,j,k=2\\ i\neq j,j\neq k,k\neq i}}^{n-1}x_ix_jx_k\Bigg)$$

用小摄动法,则有

$$f(x_1-\varepsilon,x_2,\cdots,x_{n-1},x_n+\varepsilon)-f(x_1,x_2,\cdots,x_n)=$$

$$\varepsilon(x_1-x_n-\varepsilon)\left(1-\frac{n-1}{n-2}\sum_{j=2}^{n-1}x_j\right)$$

$$1-\frac{n-1}{n-2}\sum_{j=2}^{n-1}x_j=\left(x_1-\frac{1}{n-2}\sum_{j=2}^{n-1}x_j\right)+x_n$$

当 $x_1>\frac{1}{n-2}\sum_{j=2}^{n-1}x_j$ 或 $x_n>0$ 时

$$1-\frac{n-1}{n-2}(1-\sum_{j=2}^{n-1}x_j)>0$$

对小正数 ε 有

$$f(x_1-\varepsilon,x_2,\cdots,x_{n-1},x_n+\varepsilon)>f(x_1,\cdots,x_n)$$

当 $x_1=\frac{1}{n-2}\sum_{j=2}^{n-1}x_j$ 且 $x_n=0$ 时,有

$$f(x_1,x_2,\cdots,x_n)=f\left(\frac{1}{n-1},\frac{1}{n-1},\cdots,\frac{1}{n-1},0\right)=$$

$$f\left(\frac{1}{n-1}-\varepsilon,\frac{1}{n-1},\cdots,\frac{1}{n-1},\varepsilon\right)=$$

$$f\left(\frac{1}{n-1},\frac{1}{n-1},\cdots,\frac{1}{n-1}-\varepsilon,\varepsilon\right)<$$

$$f\left(\frac{1}{n-1}-\varepsilon,\frac{1}{n-1},\cdots,\frac{1}{n-1},\frac{1}{n-1}-\varepsilon,2\varepsilon\right)$$

所以

$$f(x_1,x_2,\cdots,x_n)\leqslant f\left(\frac{1}{n},\frac{1}{n},\cdots,\frac{1}{n}\right)=$$

$$\mathrm{C}_n^2\frac{1}{n^2}-\frac{n-1}{n-2}\mathrm{C}_n^3\frac{1}{n^3}=$$

$$\frac{1}{2}(1-\frac{1}{n})-\frac{1}{6}(1-\frac{1}{n})^2=$$

$$\frac{1}{6}(1-\frac{1}{n})(2+\frac{1}{n})$$

证法 6 因为

$$\sin^2\alpha+\cos^2\alpha=1,\sin^2\beta+\cos^2\beta=1$$

所以

$$\sin^2\alpha \cdot \cos^2\beta + \cos^2\alpha \cdot \cos^2\beta + \sin^2\beta = 1$$

又据题意，不妨设 $z < \frac{1}{2}$，令

$$x = \sin^2\alpha \cdot \cos^2\beta, y = \cos^2\alpha \cdot \cos^2\beta$$
$$z = \sin^2\beta, 0° \leqslant \beta < 45°$$

则

$$xy + yz + zx - 2xyz = xy(1 - z) + z(x + y - xy) = \sin^2\alpha \cdot \cos^2\alpha \cdot \cos^6\beta + \sin^2\beta \cdot \cos^2\beta(1 - \sin^2\alpha \cdot \cos^2\alpha \cdot \cos^2\beta) \geqslant 0$$

又

$$xy + yz + zx - 2xyz =$$
$$xy(1 - 2z) + z(y + x) =$$
$$\sin^2\alpha \cdot \cos^2\alpha \cdot \cos^4\beta \cdot \cos 2\beta + \frac{1}{4}\sin^2 2\beta =$$
$$\frac{1}{4}\sin^2 2\alpha \cdot \frac{1}{4}(1 + \cos 2\beta)^2\cos 2\beta + \frac{1}{4}(1 - \cos^2 2\beta) \leqslant$$
$$\frac{1}{16}(1 + \cos 2\beta)^2\cos 2\beta + \frac{1}{4}(1 - \cos 2\beta) =$$
$$\frac{1}{4} + \frac{1}{32}[2\cos 2\beta(1 - \cos 2\beta)(1 - \cos 2\beta)] \leqslant$$
$$\frac{1}{4} + \frac{1}{32} \times (\frac{2}{3})^3 = \frac{7}{27}$$

当且仅当 $\beta = 30°, \alpha = k \cdot 180° + 45°(k \in \mathbf{Z})$ 时，等号成立.

北京联合大学的不等式专家石焕南教授曾探求不等式的概率证法，未能奏效，但发现了不等式的如下等价形式

$$0 \leqslant (1 - x)(1 - y)(1 - z) - xyz \leqslant$$

$$\left(1-\frac{1}{3}\right)^{3}-\left(\frac{1}{3}\right)^{3} \tag{6}$$

由此考虑到它的高维推广：

设 $\boldsymbol{x}\in\mathbf{R}_{+}^{n}$ 且 $E_1(\boldsymbol{x})=1$，则

$$0\leqslant\prod_{i=1}^{n}(1-x_i)-\prod_{i=1}^{n}x_i\leqslant\left(1-\frac{1}{n}\right)^{n}-\left(\frac{1}{n}\right)^{n} \tag{7}$$

并且利用逐步调整法证得上式（文章于 1994 年发表在《湖南数学通讯》上），进而将式(7)引申至初等对称函数的情形：

设 $\boldsymbol{x}\in\mathbf{R}_{+}^{n}$ 且 $E_1(\boldsymbol{x})=1$，则

$$0\leqslant E_k(1-\boldsymbol{x})-E_k(\boldsymbol{x})\leqslant \mathrm{C}_n^k\left[\left(1-\frac{1}{n}\right)^{k}-\left(\frac{1}{n}\right)^{k}\right] \tag{8}$$

石焕南仍用逐步调整法证得式(8).（1996 年在全国第三届初等数学研究学术交流会上交流）进一步又考虑了指数推广并引入参变量，得到：

定理 1　设 $\boldsymbol{x}\in\mathbf{R}_{+}^{n}$ 且 $E_1(\boldsymbol{x})=1$，则

$$(\mathrm{C}_{n-1}^k)^r\leqslant E_k^r(1-\boldsymbol{x}^{\alpha})-\lambda E_k^r(\boldsymbol{x}^{\alpha})\leqslant(\mathrm{C}_n^k)^r\left[\left(1-\frac{1}{n^{\alpha}}\right)^{kr}-\left(\frac{1}{n^{\alpha}}\right)^{k}\right] \tag{9}$$

其中 $n\geqslant 3, r\geqslant 1, \alpha\geqslant 1, k=2,\cdots,n, 0\leqslant\lambda\leqslant\max\{1,(n-1)^{k(r-1)}\}$. 当 $k=1$ 时，式(9)左端换成 $(\mathrm{C}_{n-1}^k)^r-1$.

此定理可参见《北京联合大学学报》（自然科学版，1999，13(2)：51-55）. 此时用逐步调整法证明式(9)失效，现用控制方法证明：

证明　当 $k>n$ 时，规定 $\mathrm{C}_n^k=0$. 记 $\Omega=\{\boldsymbol{x}\mid \boldsymbol{x}\in\mathbf{R}_{+}^{n}, E_1(\boldsymbol{x})\leqslant 1\}$，考虑 Ω 上的函数

$$\varphi(\boldsymbol{x})=E_k^r(1-\boldsymbol{x})-\lambda E_k^r(\boldsymbol{x})$$

利用

$$E_k(\boldsymbol{x})=x_1E_{k-1}(x_2,\cdots,x_n)+E_k(x_2,\cdots,x_n)\quad(10)$$

可算得

$$\frac{\partial\varphi(\boldsymbol{x})}{\partial x_1}=-r[E_k^{r-1}(1-\boldsymbol{x})E_{k-1}(1-x_2,\cdots,1-x_n)+\lambda E_k^{r-1}(\boldsymbol{x})E_{k-2}(x_2,\cdots,x_n)]\leqslant 0$$

同理$\frac{\partial\varphi(\boldsymbol{x})}{\partial x_i}\leqslant 0,i=2,\cdots,n$,故$\varphi(\boldsymbol{x})$是$\Omega$上的减函数.

利用

$$E_k(\boldsymbol{x})=x_1x_2E_{k-2}(x_3,\cdots,x_n)+(x_1+x_2)E_{k-1}(x_3,\cdots,x_n)+E_k(x_3,\cdots,x_n)\quad(11)$$

可算得

$$(x_1-x_2)\left(\frac{\partial\varphi(\boldsymbol{x})}{\partial x_1}-\frac{\partial\varphi(\boldsymbol{x})}{\partial x_2}\right)=-r(x_1-x_2)^2\cdot[E_k^{r-1}(1-\boldsymbol{x})E_{k-1}(1-x_3,\cdots,1-x_n)-\lambda E_k^{r-1}(\boldsymbol{x})E_{k-2}(x_3,\cdots,x_n)]$$

由式(11)知上式不大于零,故$\varphi(\boldsymbol{x})$是Ω上的S-凹函数. 又当$\alpha\geqslant 1$时,$\boldsymbol{x}^\alpha$是凸函数,$\psi(\boldsymbol{x})=\varphi(\boldsymbol{x}^\alpha)$亦是$\Omega$上的$S$-凹函数,从而由

$$\left(\frac{1}{n},\cdots,\frac{1}{n}\right)<(x_1,\cdots,x_n)<(1,0,\cdots,0)$$

有

$$\psi\left(\frac{1}{n},\cdots,\frac{1}{n}\right)\geqslant\psi(x_1,\cdots,x_n)\geqslant\psi(1,0,\cdots,0)$$

即式(9)成立.

石焕南猜测对于$E_k(\boldsymbol{x})$的对偶式$E_k^*(\boldsymbol{x})$有如下类似的不等式成立:

猜想1 设$\boldsymbol{x}\in\mathbf{R}_+^n,n\geqslant 2,E_1(\boldsymbol{x})\leqslant 1$,则对于

$k=1,\cdots,n$,有

$$E_k^*(1-\boldsymbol{x})-E_k^*(\boldsymbol{x})\leqslant\left[\frac{k(n-1)}{n}\right]^{C_n^k}-\left(\frac{k}{n}\right)^{C_n^k}\tag{12}$$

浙江广播电视大学海宁学院的张小明、李世杰于 2007 年考察了与初等对称函数差有关的 S - 几何凸性,得到如下结果:

定理 2　设 $n\geqslant 3,2\leqslant k\leqslant n-1$,则 $E_k^2(\boldsymbol{x})-E_{k-1}(\boldsymbol{x})E_{k+1}(\boldsymbol{x})$ 是 $\mathbf{R}_+^n$ 上的 S - 几何凸函数.

证明　记 $\tilde{\boldsymbol{x}}=(x_3,x_4,\cdots,x_n)$,当 $n\geqslant 3,k=2$ 时

$$\begin{aligned}f(\boldsymbol{x})=E_2^2(\boldsymbol{x})-E_1(\boldsymbol{x})E_3(\boldsymbol{x})=&\\ &[x_1x_2+(x_1+x_2)E_1(\tilde{\boldsymbol{x}})+E_2(\tilde{\boldsymbol{x}})]^2-\\ &E_1(\boldsymbol{x})[(x_1+x_2)E_2(\tilde{\boldsymbol{x}})+x_1x_2E_1(\tilde{\boldsymbol{x}})+E_3(\tilde{\boldsymbol{x}})]\end{aligned}$$

故

$$\begin{aligned}\frac{\partial f(\boldsymbol{x})}{\partial x_1}=&2[x_1x_2+(x_1+x_2)E_1(\tilde{\boldsymbol{x}})+E_2(\tilde{\boldsymbol{x}})]\cdot\\ &(x_2+E_1(\tilde{\boldsymbol{x}}))-[(x_1+x_2)E_2(\tilde{\boldsymbol{x}})+\\ &x_1x_2E_1(\tilde{\boldsymbol{x}})+E_3(\tilde{\boldsymbol{x}})]-\\ &E_1(\boldsymbol{x})(E_2(\tilde{\boldsymbol{x}})+x_2E_1(\tilde{\boldsymbol{x}}))\end{aligned}$$

$$\begin{aligned}x_1\frac{\partial f(\boldsymbol{x})}{\partial x_1}=&2[x_1x_2+(x_1+x_2)E_1(\tilde{\boldsymbol{x}})+E_2(\tilde{\boldsymbol{x}})]\cdot\\ &(x_1x_2+x_1E_1(\tilde{\boldsymbol{x}}))-[(x_1+x_2)E_2(\tilde{\boldsymbol{x}})+\\ &x_1x_2E_1(\tilde{\boldsymbol{x}})+E_3(\tilde{\boldsymbol{x}})]x_1-\\ &E_1(\boldsymbol{x})(x_1E_2(\tilde{\boldsymbol{x}})+x_1x_2E_1(\tilde{\boldsymbol{x}}))\end{aligned}$$

所以

$$\begin{aligned}&(\ln x_1-\ln x_2)\left(x_1\frac{\partial f}{\partial x_1}-x_2\frac{\partial f}{\partial x_2}\right)=\\ &(\ln x_1-\ln x_2)(x_1-x_2)\cdot\\ &[x_1x_2E_1(\tilde{\boldsymbol{x}})+(x_1+x_2)(2E_1^2(\tilde{\boldsymbol{x}})-\end{aligned}$$

$$2E_2(\tilde{\boldsymbol{x}})) + E_2(\tilde{\boldsymbol{x}})E_1(\tilde{\boldsymbol{x}}) - E_3(\tilde{\boldsymbol{x}})]$$

由 $E_1^2(\tilde{\boldsymbol{x}}) \geqslant E_2(\tilde{\boldsymbol{x}})$ 和 $E_1(\tilde{\boldsymbol{x}})E_2(\tilde{\boldsymbol{x}}) \geqslant E_3(\tilde{\boldsymbol{x}})$ 知

$$(\ln x_1 - \ln x_2)\left(x_1 \frac{\partial f}{\partial x_1} - x_2 \frac{\partial f}{\partial x_2}\right) \geqslant 0$$

故对于 $n \geqslant 3, k = 2$,定理 1 为真.

当 $k \geqslant 3$ 时(此时 $n \geqslant 4$)

$$\begin{aligned}\frac{\partial f}{\partial x_1} = {} & 2E_k(\boldsymbol{x})E_{k-1}(x_2,\cdots,x_n) - \\ & E_{k-2}(x_2,\cdots,x_n)E_{k+1}(\boldsymbol{x}) - \\ & E_{k-1}(\boldsymbol{x})E_k(x_2,\cdots,x_n)\end{aligned}$$

$$\begin{aligned}x_1 \frac{\partial f}{\partial x_1} = {} & 2x_1E_k(\boldsymbol{x})E_{k-1}(x_2,\cdots,x_n) - \\ & x_1E_{k-2}(x_2,\cdots,x_n)E_{k+1}(\boldsymbol{x}) - \\ & x_1E_{k-1}(\boldsymbol{x})E_k(x_2,\cdots,x_n)\end{aligned}$$

$$\begin{aligned}x_2 \frac{\partial f}{\partial x_2} = {} & 2x_2E_k(\boldsymbol{x})E_{k-1}(x_2,\cdots,x_n) - \\ & x_2E_{k-2}(x_2,\cdots,x_n)E_{k+1}(\boldsymbol{x}) - \\ & x_2E_{k-1}(\boldsymbol{x})E_k(x_2,\cdots,x_n)\end{aligned}$$

所以

$$\begin{aligned}&(\ln x_1 - \ln x_2)\left(x_1 \frac{\partial f}{\partial x_1} - x_2 \frac{\partial f}{\partial x_2}\right) = \\ &(\ln x_1 - \ln x_2)(x_1 - x_2) \cdot h(\boldsymbol{x}) \qquad (13)\end{aligned}$$

其中

$$\begin{aligned}h(\boldsymbol{x}) = {} & 2E_k(\boldsymbol{x})E_{k-1}(\tilde{\boldsymbol{x}}) - E_{k-2}(\tilde{\boldsymbol{x}})E_{k+1}(\tilde{\boldsymbol{x}}) - \\ & E_{k-1}(\boldsymbol{x})E_k(\tilde{\boldsymbol{x}}) = \\ & 2[(x_1 + x_2)E_{k-1}(\tilde{\boldsymbol{x}}) + \\ & x_1x_2E_{k-2}(\tilde{\boldsymbol{x}})]E_{k-1}(\tilde{\boldsymbol{x}}) - E_{k-2}(\tilde{\boldsymbol{x}}) \cdot \\ & [(x_1 + x_2)E_k(\tilde{\boldsymbol{x}}) + x_1x_2E_{k-1}(\tilde{\boldsymbol{x}})] - \\ & [(x_1 + x_2)E_{k-2}(\tilde{\boldsymbol{x}}) + x_1x_2E_{k-3}(\tilde{\boldsymbol{x}})]E_k(\tilde{\boldsymbol{x}}) =\end{aligned}$$

$$x_1x_2(E_{k-2}(\tilde{\boldsymbol{x}})E_{k-1}(\tilde{\boldsymbol{x}})-E_{k-3}(\tilde{\boldsymbol{x}})E_k(\tilde{\boldsymbol{x}}))+$$
$$2(x_1+x_2)(E_{k-1}^2(\tilde{\boldsymbol{x}})-E_{k-2}(\tilde{\boldsymbol{x}})E_k(\tilde{\boldsymbol{x}}))\qquad(14)$$

又可知，$\{E_k(\tilde{\boldsymbol{x}})\mid 1\leqslant k\leqslant n-2\}$ 为对 9 凹数列，得

$$E_{k-2}(\tilde{\boldsymbol{x}})E_{k-1}(\tilde{\boldsymbol{x}})-E_{k-3}(\tilde{\boldsymbol{x}})E_k(\tilde{\boldsymbol{x}})\geqslant 0$$

再据式(13)(14)知

$$(\ln x_1-\ln x_2)\left(x_1\frac{\partial f}{\partial x_1}-x_2\frac{\partial f}{\partial x_2}\right)\geqslant 0$$

故对于 $k\geqslant 3$，定理 1 也为真. 定理 1 证毕.

定理 3 设 $n\geqslant 3, 2\leqslant k\leqslant n-1, G(\boldsymbol{x})=\sqrt[n]{\prod_{i=1}^{n}x_i}$，则

$$g(\boldsymbol{x})=E_k^2(\boldsymbol{x})-E_{k-1}(\boldsymbol{x})E_{k+1}(\boldsymbol{x})-$$
$$[(\mathrm{C}_n^k)^2-\mathrm{C}_n^{k-1}\mathrm{C}_n^{k+1}]G^{2k}(\boldsymbol{x})$$

是 $\mathbf{R}_+^n$ 上的 S - 几何凸函数.

证明 其实我们不难证明

$$(\ln x_1-\ln x_2)(x_1g'_1-x_2g'_2)=$$
$$(\ln x_1-\ln x_2)(x_1f'_1-x_2f'_2)$$

其中 f 如定理 2 所设. 此时不难知定理 3 为真.

推论 1 设 $G(\boldsymbol{x})=\sqrt[n]{\prod_{i=1}^{n}x_i}$，则

$$E_x^2(\boldsymbol{x})-E_{k-1}(\boldsymbol{x})\cdot E_{k+1}(\boldsymbol{x})\geqslant$$
$$[(\mathrm{C}_n^k)^2-\mathrm{C}_n^{k-1}\mathrm{C}_n^{k+1}]\cdot G^{2k}(\boldsymbol{x})\qquad(15)$$

证明 根据 $(\ln G(\boldsymbol{x}),\cdots,\ln G(\boldsymbol{x}))<(\ln x_1,\cdots,\ln x_n)$ 和定理 3 知

$$f(G(\boldsymbol{x}),\cdots,G(\boldsymbol{x}))\leqslant f(x_1,\cdots,x_n)$$

即式(15)成立.

与定理 3 的证明相仿，可证得：

定理 4　当 $1 \leqslant k \leqslant \frac{n-1}{2}$ 时，$B_k^2(\boldsymbol{x}) - B_{k-1}(\boldsymbol{x}) \cdot B_{k+1}(\boldsymbol{x})$ 是 $\mathbf{R}_+^n$ 上的 S - 几何凸函数.

注　2010 年 11 月 23 日，张小明来信讲，他发现 $E_k^2(\boldsymbol{x}) - E_{k-1}(\boldsymbol{x})E_{k+1}(\boldsymbol{x})$ 和 $B_k^2(\boldsymbol{x}) - B_{k-1}(\boldsymbol{x})B_{k+1}(\boldsymbol{x})$ 在 $\mathbf{R}_+^n$ 上的 S - 凸性、S - 调和凸性均不确定.

定理 5　设 $n=2$ 或 $n \geqslant 3$，则对于 $2 \leqslant k-1 < k \leqslant n$，$P_{k-1}(\boldsymbol{x}) - P_k(\boldsymbol{x})$ 是 S - 几何凸函数.

前几个结果发表在《四川师范大学学报》上，最后一个结果发表在 *Pure and Appl Muth* 上.

南开大学数学系的李成章教授在《中学数学竞赛专题讲座》中给出了另一个证法：

证法 7　因为

$$xy \geqslant xyz, yz \geqslant xyz, zx \geqslant xyz$$

所以第一个不等式成立.

为证第二个不等式，让我们来求函数

$$f(x,y,z) = yz + zx + xy - 2xyz$$

在闭集 $x \geqslant 0, y \geqslant 0, z \geqslant 0, x+y+z=1$ 上的最大值. 先设 z 固定，于是 $x+y=1-z$ 也为定值，问题化为求函数

$$g_z(x,y) = xy - 2xyz = xy(1-2z)$$

的最大值. 容易看出，当 $z \leqslant \frac{1}{2}$ 时，函数 g_z 在 $x=y$ 时取最大值，特别当 $z < \frac{1}{2}$ 时，g_z 仅在 $x=y$ 时取最大值.

由对称性，不妨设 $x \geqslant y \geqslant z$. 若 x,y,z 不全相等，必为下列情形之一：

(1) $x > y > z$;

(2) $x > y = z$;

(3) $x = y > z > 0$;

(4) $x=y=\frac{1}{2}, z=0$.

由前段论证可知，在(1)和(2)两种情形下，f不可能取得最大值. 在(3)情形下，$y\neq z, x<\frac{1}{2}$，亦不能取得最大值. 在(4)情形下，我们有

$$f\left(\frac{1}{2},\frac{1}{2},0\right)=f\left(\frac{1}{2},\frac{1}{4},\frac{1}{4}\right)<f\left(\frac{3}{8},\frac{3}{8},\frac{1}{4}\right)$$

即$f\left(\frac{1}{2},\frac{1}{2},0\right)$不是最大值. 可见当$x=y=z$时，$f$取最大值，这时

$$f\left(\frac{1}{3},\frac{1}{3},\frac{1}{3}\right)=\frac{7}{27}$$

这就完成了第二个不等式的证明.

湖南人文科技学院的杨克昌对此题又进行了进一步的研究，他发现：

把这道题中xyz项的系数-2改为-3，即成为北京大学招生办与《中学生数理化》联合举办的1991年数学通讯赛的第6题：

x,y,z为非负数，且$x+y+z=1$，求：$yz+zx+xy-3xyz$的取值范围.

这一系数的变更很精巧，也很有启发性，考虑把函数式中xyz项的系数一般化为实数λ，相应函数的取值范围应如何确定呢？这是一个有趣的，也容易出错的问题. 对这一问题的拓展，我们得到：

定理6 设x,y,z均为非负数，且满足$x+y+z=1$，λ为实数，对于函数

$$f=xy+yz+zx+\lambda xyz$$

若$\lambda<-9$，则

$$\frac{\lambda+9}{27}\leqslant f\leqslant\frac{1}{4}$$

若 $-9\leqslant\lambda<-\frac{9}{4}$,则

$$0\leqslant f\leqslant\frac{1}{4}$$

若 $\lambda\geqslant-\frac{9}{4}$,则

$$0\leqslant f\leqslant\frac{\lambda+9}{27}$$

证明 首先证 f 的下限值,因

$$\begin{aligned} f&=xy+yz+zx+\lambda xyz=\\ &(x+y+z)(xy+yz+zx)+\lambda xyz=\\ &x^2y+x^2z+y^2z+y^2x+z^2x+z^2y+(\lambda+3)xyz \end{aligned}$$

由平均值不等式有

$$x^2y+x^2z+y^2z+y^2x+z^2x+z^2y\geqslant 6xyz$$

则

$$f\geqslant(\lambda+9)xyz$$

(1) 当 $\lambda\geqslant-9$ 时,$\lambda+9\geqslant0$,注意到 $xyz\geqslant0$,于是得 $f\geqslant0$.

式中等号成立当且仅当 x,y,z 中有两个为零或 $x=y=z=\frac{1}{3}$ 且 $\lambda=-9$.

(2) 当 $\lambda<-9$ 时,$\lambda+9<0$,注意到 $xyz\leqslant\left(\frac{x+y+z}{3}\right)^3=\frac{1}{27}$,则

$$(\lambda+9)xyz\geqslant\frac{\lambda+9}{27}$$

即

$$f\geqslant\frac{\lambda+9}{27}$$

当且仅当 $x=y=z=\frac{1}{3}$ 时式中等号成立.

然后证 f 的上限值.

(1′) 当 $\lambda\geqslant-\frac{9}{4}$ 时,不妨设 $x\geqslant y\geqslant z$,则 $z\leqslant\frac{1}{3}$.
令 $z=\frac{1}{3}-\delta, x+y=\frac{2}{3}+\delta$,这里 $0\leqslant\delta\leqslant\frac{1}{3}$.

注意到

$$1+\lambda z\geqslant 0$$

及

$$3+\lambda(1+\delta)\geqslant 0$$

当且仅当 $\lambda=-\frac{9}{4},\delta=\frac{1}{3}$ 时等号成立,于是

$$\begin{aligned}
f&=xy+yz+zx+\lambda xyz=\\
&(x+y)z+xy(1+\lambda z)\leqslant\\
&(x+y)z+\left(\frac{x+y}{2}\right)^2(1+\lambda z)=\\
&\left(\frac{2}{3}+\delta\right)\left(\frac{1}{3}-\delta\right)+\left(\frac{1}{3}+\frac{\delta}{2}\right)^2\left(1+\frac{\lambda}{3}-\lambda\delta\right)=\\
&\frac{9+\lambda}{27}-\frac{\delta^2}{4}(3+\lambda+\lambda\delta)\leqslant\frac{9+\lambda}{27}
\end{aligned}$$

即得

$$f\leqslant\frac{9+\lambda}{27}$$

当且仅当 $x=y=z=\frac{1}{3}$ 或 $\lambda=-\frac{9}{4}$ 时上式等号成立,x,y,z 中一个为零,另两个各为 $\frac{1}{2}$.

(2′) 当 $\lambda<-\frac{9}{4}$ 时,因 $xyz\geqslant 0$,则

$$\lambda xyz\leqslant-\frac{9}{4}xyz$$

$$f=xy+yz+zx+\lambda xyz\leqslant xy+yz+zx-\frac{9}{4}xyz$$

同时,由上面(1′)中取 $\lambda=-\frac{9}{4}$ 得

$$xy+yz+zx-\frac{9}{4}xyz\leqslant\frac{1}{4}$$

于是得

$$f\leqslant\frac{1}{4}$$

当且仅当 x,y,z 中一个为零,另两个各为$\frac{1}{2}$时式中等号成立.

综上,定理得证. 显见,上述 IMO 竞赛题为 $\lambda=-2$ 时的特例.

由定理取 $\lambda=-3$,即得

$$0\leqslant xy+yz+zx-3xyz\leqslant\frac{1}{4}$$

这就是上述数学通讯赛试题的答案.

例 1 取 $\lambda=-10$,由定理得:x,y,z 为非负数,$x+y+z=1$,则

$$-\frac{1}{27}\leqslant yz+zx+xy-10xyz\leqslant\frac{1}{4}$$

例 2 设 x,y,z 为非负数,满足条件 $x+y+z=2$,求证

$$0\leqslant xy+yz+zx-2xyz\leqslant 1$$

证明 显然$\frac{x}{2},\frac{y}{2},\frac{z}{2}$满足定理条件,由定理取 $\lambda=-4$,得

$$0\leqslant\frac{x}{2}\cdot\frac{y}{2}+\frac{y}{2}\cdot\frac{z}{2}+\frac{z}{2}\cdot\frac{x}{2}-4\cdot\frac{x}{2}\cdot\frac{y}{2}\cdot\frac{z}{2}\leqslant\frac{1}{4}$$

即

$$0 \leqslant xy + yz + zx - 2xyz \leqslant 1$$

就一道 IMO 试题来说能有如此多的证法和如此多个角度的推广与加强,使我们不能不关心此试题的背景.

这道试题是由联邦德国的数学奥林匹克领队恩格尔命题的. 由前文,据他著文讲,这个试题是他在推导组合数学中的 van der Waerden 猜想时得到的副产品,而 van der Waerden 猜想在 20 世纪被出乎意料地证明了,颇具戏剧性. 后面我们将借美国数学家 H. Minc 为美国海军研究办公室资助的一项工作来介绍 van der Waerden 的积和式猜想的证明.

H. Minc 教授早年就读于苏格兰的爱丁堡大学,并获得博士学位,曾在美国加州大学圣巴巴拉分校任教授,他在线性代数及矩阵领域建树颇多,发表论著多部,论文 100 余篇,其在国际上很有影响力.

非负矩阵的结构性质

第2章

1.(0,1)-矩阵,积和式

现在,我们将注意力转向仅依据零型而定的非负矩阵的那些性质. 从这一观点来看,非负矩阵本质上是由两种类型的元素组成的长方阵列. 在大多数组合的应用中,特别是当出于计算目的而应用积和式函数或别的一些组合矩阵函数时,用0和1来代表这两类元素是方便的. 其每类元素不是0就是1的矩阵称为(0,1)-矩阵.

设$S_1,\cdots,S_m$是n元集$S=\{x_1,\cdots,x_n\}$的一些子集(不必相异). 令$\boldsymbol{A}=(a_{ij})$是$m\times n$的(0,1)-矩阵,当$x_j\in S_i$时,

其元素定义为 $a_{ij}=1$；当 $x_j\in S_i$ 时，$a_{ij}=0$. 矩阵 $\boldsymbol{A}$ 称为子集组态 $S_1,\cdots,S_m$ 的关联矩阵，一旦 x_j 及 S_i 排定了顺序，关联矩阵就由组态唯一确定，反之也一样.

关联矩阵的定义也可专门用于表示关系，如函数、图、集的交，等等.

定义1 设 $S_1,\cdots,S_m$ 是 n 元集 S 的子集. 如果 $s_i\in S_i(i=1,\cdots,m)$，则称 S 的 m 个相异元素的序列 $(s_1,\cdots,s_m)$ 组成组态 $S_1,\cdots,S_m$ 的不同表示序列(简记为 SDR).

子集的组态或许有也或许没有 SDR. 确定已知组态有没有和有多少个 SDR 的问题在组合学的研究中有相当高的热度.

例1 (1)4 元集 $X=\{x_1,x_2,x_3,x_4\}$ 的子集 $X_1=\{x_1,x_2\},X_2=\{x_2,x_3,x_4\},X_3=\{x_1,x_3\},X_4=\{x_1,x_3,x_4\}$ 的组态有4个SDR：$(x_1,x_3,x_2,x_4),(x_1,x_4,x_2,x_3),(x_3,x_2,x_1,x_4),(x_3,x_4,x_2,x_1)$.

(2)5 元集 $S=\{s_1,s_2,s_3,s_4,s_5\}$ 的四个子集，$S_1=S_3=S_4=\{s_2,s_4\},S_2=S$ 的组态没有 SDR. 因为 $S_1\cup S_3\cup S_4$ 仅含有两个元素，故子集 S_1,S_3 和 S_4 不能用三个不同的元素表示.

对已知子集组态的 SDR 确定其存在、计算其个数问题时可方便地用关联矩阵来分析.

设 $\boldsymbol{A}=(a_{ij})$ 是 n 元集 $\{x_1,\cdots,x_n\}$ 的子集 $S_1,\cdots,S_m$ 的关联矩阵. 如果组态有 SDR，则显然 $m\leqslant n$，且存在一个 1 - 1 对应 $\sigma:\{1,\cdots,m\}\to\{1,\cdots,n\}$ 使得

$$x\sigma_{(i)}\in S_i,i=1,\cdots,n$$

由关联矩阵的定义得

$$a_i\sigma_{(i)}=1,i=1,\cdots,m$$

因此,组态有SDR当且仅当存在一个1-1对应σ使得

$$\prod_{j=1}^{m} a_i\sigma_{(j)}=1 \tag{1}$$

SDR的数目与使式(1)成立的不同的1-1对应σ的数目相等.也就是等于

$$\sum_{\sigma}\prod_{i=1}^{m} a_i\sigma_{(i)} \tag{2}$$

其中求和是对从$\{1,\cdots,m\}$到$\{1,\cdots,n\}$的一切1-1对应进行的.

定义2 设$\boldsymbol{A}=(a_{ij})$是元素为复数或实数的$m\times n$矩阵,$m\leqslant n$,$\boldsymbol{A}$的积和式定义为

$$\operatorname{Per}(\boldsymbol{A})=\sum_{\sigma}\prod_{i=1}^{m} a_i\sigma(i) \tag{3}$$

这里与式(2)中一样,对一切1-1对应σ进行求和.$m=n$的特殊情形是尤为重要的.在这种情况下,我们用$\operatorname{per}(\boldsymbol{A})$代替$\operatorname{Per}(\boldsymbol{A})$,这样一来,如果$\boldsymbol{A}=(a_{ij})$是$n$阶方阵,则

$$\operatorname{per}(\boldsymbol{A})=\sum_{\sigma}\prod_{i=1}^{n} a_i\sigma_{(i)} \tag{4}$$

关于子集组态的SDR存在性及SDR数目的结论可用积和式的术语重新描述如下:组态有SDR当且仅当它的关联矩阵有正积和式.一个组态的SDR数目等于它的关联矩阵的积和式.

方阵的行列式函数与积和式函数定义的相似性是相当明显的.事实上,积和式具有的某些性质与行列式的类似.

定理1 设$\boldsymbol{A}$是$m\times n$矩阵,$m\leqslant n$.

(1)$\boldsymbol{A}$的积和式是$\boldsymbol{A}$的行的多重线性函数.

(2)如果$m=n$,则$\operatorname{per}(\boldsymbol{A}^{\mathrm{T}})=\operatorname{per}(\boldsymbol{A})$.

(3) 如果 $\boldsymbol{P}$ 和 $\boldsymbol{Q}$ 分别是 $m \times m$ 和 $n \times n$ 置换矩阵,则

$$\operatorname{per}(\boldsymbol{PAQ}) = \operatorname{per}(\boldsymbol{A})$$

(4) 如果 $\boldsymbol{D}$ 和 $\boldsymbol{G}$ 分别是 $m \times m$ 和 $n \times n$ 对角矩阵,则

$$\operatorname{per}(\boldsymbol{DAG}) = \operatorname{per}(\boldsymbol{D})\operatorname{per}(\boldsymbol{A})\operatorname{per}(\boldsymbol{G})$$

这些性质都是积和式定义的直接推论.

下一定理类似于行列式的 Laplace 展开定理.

定理2 设 $\boldsymbol{A} = (a_{ij})$ 是 $m \times n$ 矩阵,$m \leqslant n$,且 α 是 $Q_{r,m}$ 中的序列,则对于 $r < m$ 有

$$\operatorname{per}(\boldsymbol{A}) = \sum_{\omega \in Q_{rn}} \operatorname{per}(\boldsymbol{A}(\alpha \mid \omega))\operatorname{per}(\boldsymbol{A}(\alpha \mid \omega)) \quad (5)$$

特别地,对任意的 i,$1 \leqslant i \leqslant m$ 有

$$\operatorname{per}(\boldsymbol{A}) = \sum_{t=1}^{n} a_{it}\operatorname{per}(\boldsymbol{A}(i \mid t)) \quad (6)$$

当 $m = n$ 时,按列展开的类似公式成立.

证明 考虑 $\boldsymbol{A}$ 的元素为不定元. 对于特定的 $\omega \in Q_{rn}$;$\boldsymbol{A}(\alpha \mid \omega)$ 的积和式是 $r!$ 个对角线乘积的和,$\boldsymbol{A}(\alpha \mid \omega)$ 的积和式是 $\binom{n-r}{m-r}(m-r)!$ 个对角线乘积的和. $\boldsymbol{A}(\alpha \mid \omega)$ 的对角线积乘以 $\boldsymbol{A}(\alpha \mid \omega)$ 的对角线积是 $\boldsymbol{A}$ 的对角线积. 于是,对于固定的 ω,$\operatorname{per}(\boldsymbol{A}(\alpha \mid \omega))\operatorname{per}(\boldsymbol{A}(\alpha \mid \omega))$ 是 $\boldsymbol{A}$ 的 $r!\binom{n-r}{m-r}(m-r)!$ 个相异对角线积的和. 此外,对于不同的序列 ω,可得到不同的对角线积. 现在注意在 Q_{rn} 中有 $\binom{n}{r}$ 个序列,因此,式(5) 的右边是

$$\binom{n}{r} r! \binom{n-r}{m-r} (m-r)! = \binom{n}{m} m!$$

个这样的对角线积的和,即$\boldsymbol{A}$的所有对角线的和,从而与 per($\boldsymbol{A}$) 相等.

2. Frobenius-Kǒnig 定理

关于矩阵零型的基本结果是所谓的 Frobenius-Kǒnig 定理,它首先由 Frobenius 获得. 1915 年,Kǒnig 用图论的方法给出了定理的初等证明. 1917 年, Frobenius 用初等的方法再次给出定理的证明. Frobenius 和 Kǒnig 对于他们对这个结果的贡献大小问题,曾展开了激烈的争论. 我们不打算对这个问题做任何判决,而宁愿把这个结果(下面的定理 3) 就叫作 Frobenius-Kǒnig 定理.

Frobenius-Kǒnig 定理告诉我们对"$n \times n$ 矩阵行列式的展开式的项" 每个都为零的必要充分条件是该矩阵含有 $s \times t$ 零子矩阵,且 $s+t=n+1$. 我们对积和式的项重述此定理并把它推广到长方形矩阵法.

定理3　$m \times n$ 非负矩阵($m \leqslant n$) 的积和式为零当且仅当该矩阵含有 $s \times t$ 零子矩阵,且 $s+t=n+1$.

证明　设$\boldsymbol{A}$是$m \times n$矩阵,$m \leqslant n$,假设$\boldsymbol{A}(\alpha \mid \beta)=0$,$\alpha \in Q_{sm}$,$\beta \in Q_{tn}$ 且 $s+t=n+1$,则子矩阵 $\boldsymbol{A}(\alpha \mid 1,\cdots,n)$ 至多含有 $n-t=s-1$ 个非零列. 从而,每个 $s \times s$ 子矩阵 $\boldsymbol{A}(\alpha \mid \omega)\omega \in Q_{sn}$ 有零列. 换而言之,对每个 $\omega \in Q_{sn}$ 有 $\mathrm{per}(\boldsymbol{A}(\alpha \mid \omega))=0$. 如果 $s=m$,则结论显然成立. 如果 $s<m$,则由定理 2 得

$$\mathrm{per}(\boldsymbol{A}) = \sum_{\omega \in Q_{sn}} \mathrm{per}(\boldsymbol{A}(\alpha \mid \omega))$$

$$\mathrm{per}(\boldsymbol{A}(\alpha \mid \omega))=0$$

反之,假设 $\boldsymbol{A}=(a_{ij})$ 是 $m\times n$ 矩阵,$m\leqslant n$,且 $\mathrm{per}(\boldsymbol{A})=0$,我们对 m 用归纳法. 若 $m=1$,则 $\boldsymbol{A}$ 必是零矩阵,假设 $m>1$,且对所有行数小于 m 的其上定义积和式的矩阵定理成立. 如果 $\boldsymbol{A}=\boldsymbol{0}$,则没有什么可证的. 如若不然,则 $\boldsymbol{A}$ 含有一个非零元素 a_{hk},但是由于 $0=\mathrm{per}(\boldsymbol{A})\geqslant a_{hk}\times \mathrm{per}(\boldsymbol{A}(h\mid k))$,应用 $\mathrm{per}(\boldsymbol{A}(h\mid k))=0$. 按归纳假设,子矩阵 $\boldsymbol{A}(h\mid k)$ 含有 $p\times q$ 零子矩阵,$p+q=n$. 设 $\boldsymbol{P}$ 和 $\boldsymbol{Q}$ 是置换矩阵,使得

$$\boldsymbol{PAQ}=\begin{pmatrix}\boldsymbol{X} & \boldsymbol{Y}\\ \boldsymbol{O} & \boldsymbol{Z}\end{pmatrix}$$

其中 $\boldsymbol{X}$ 是 $(m-p)\times q$ 阶的,$\boldsymbol{Z}$ 是 $p\times p$ 阶的. 显然 $m-p\leqslant q$,从而

$$0=\mathrm{per}(\boldsymbol{A})=\mathrm{per}(\boldsymbol{PAQ})\geqslant \mathrm{per}(\boldsymbol{X})\mathrm{per}(\boldsymbol{Z})$$

因此,$\mathrm{per}(\boldsymbol{X})=0$ 或 $\mathrm{per}(\boldsymbol{Z})=0$. 如果 $\mathrm{per}(\boldsymbol{X})=0$,则再用归纳假设,可以推得 $\boldsymbol{X}$ 含有 $u\times v$ 零子矩阵,$\boldsymbol{X}=(i_1,\cdots,i_u\mid j_1,\cdots,j_v)$,$u+v=q+1$. 于是 $\boldsymbol{PAQ}$ 含有一个 $(u+p)\times v$ 零子矩阵,从而 $\boldsymbol{A}$ 也含有一个 $(u+p)\times v$ 零子矩阵,也就是,$\boldsymbol{PAQ}=(i_1,\cdots,i_u,m-p+1,m-p+2,\cdots,m\mid j_1,\cdots,j_v)$,并且

$$(u+p)+v=p+(u+v)=p+q+1=n+1$$

如果 $\mathrm{per}(\boldsymbol{Z})=0$,则证明类似.

例 2(“跳舞问题”) 在由 n 个男孩和 n 个女孩组成的一群人中,每个男孩认识 k 个女孩,每个女孩认识 k 个男孩,证明:可以安排 n 对舞伴的一次跳舞,使得每个女孩仅与她认识的一个男孩跳舞.

证明 令 $\boldsymbol{A}$ 是这样的一个 $n\times n$ 矩阵,如果第 i 个男孩认识第 j 个女孩,则 $\boldsymbol{A}$ 的 (i,j) 元素为 1,否则为 0.

于是 $\boldsymbol{A}$ 的每个行及每个列的和都为 k. 我们必须证明 $\mathrm{per}(\boldsymbol{A})>0$,即存在 $\boldsymbol{A}$ 的一条正对角线,这是因为每条正对角线都能决定关于舞伴的一个允许的安排. 假设不是这样,则 $\mathrm{per}(\boldsymbol{A})=0$. 于是由 Frobenius-Kŏnig 定理知,矩阵 $\boldsymbol{A}$ 含有 $p\times q$ 零子矩阵,且 $p+q=n+1$,从而存在置换矩阵 $\boldsymbol{P}$ 和 $\boldsymbol{Q}$,使得

$$\boldsymbol{PAQ}=\begin{pmatrix}\boldsymbol{X} & \boldsymbol{Y}\\ \boldsymbol{O} & \boldsymbol{Z}\end{pmatrix}$$

其中 $\boldsymbol{X}$ 是 $(n-p)\times q$ 阶的,$\boldsymbol{Z}$ 是 $p\times(n-q)$ 阶的. 令 $\sigma(\boldsymbol{M})$ 表示矩阵 $\boldsymbol{M}$ 的所有元素的和,则 $\sigma(\boldsymbol{PAQ})=\sigma(\boldsymbol{A})=nk$,同样,$\sigma(\boldsymbol{X})=qk$,$\sigma(\boldsymbol{Z})=pk$. 这是因为,$\boldsymbol{X}$ 含有 $\boldsymbol{PAQ}$ 的前 q 列的所有非零元素,$\boldsymbol{Z}$ 含有 $\boldsymbol{PAQ}$ 的后 p 行的所有非零元素,因此

$$nk=\sigma(\boldsymbol{PAQ})\geqslant\sigma(\boldsymbol{X})+\sigma(\boldsymbol{Z})=$$
$$qk+pk=(p+q)k=(n+1)k$$

这是一个矛盾,所以 $\boldsymbol{A}$ 的积和式是正的,由此得证.

定理 3 可推广如下:

定理 4(Kŏnig) $m\times n$ 矩阵$(m\leqslant n)$ 的每条对角线至少含有 k 个零的充分必要条件是该矩阵含有 $s\times t$ 零子矩阵,且 $s+t=n+k$.

证明 把 $\boldsymbol{A}$ 扩大成一个 $m\times(n+k-1)$ 矩阵 $\boldsymbol{B}=(\boldsymbol{A}:\boldsymbol{J})$,使得 $\boldsymbol{B}$ 的前 n 列构成矩阵 $\boldsymbol{A}$,其余的列构成一个 $m\times(k-1)$ 矩阵 $\boldsymbol{J}$,它的一切元素都不是零. 假设 $\boldsymbol{A}$ 的每条对角线至少含有 k 个零,则 $\boldsymbol{B}$ 的每条对角线必含有一个零. 这是因为,$\boldsymbol{B}$ 的每条对角线至少有 $m-(k-1)$ 个元素属于 $\boldsymbol{A}$. 这 $m-(k-1)$ 个元素与 $\boldsymbol{A}$ 中 $k-1$ 个其他的元素一起构成至少含有 k 个零的 $\boldsymbol{A}$ 的对角线. 因此,由定理 3 知,矩阵 $\boldsymbol{B}$ 含有 $s\times t$ 零子矩阵,且

$$s+t=(n+k-1)+1=n+k$$

显然，它必位于 **A** 中.

反之，如果 **A** 含有 $s\times t$ 零子矩阵，且 $s+t=(n+k-1)+1=n+k$，则由定理3知，**B** 的每条对角线至少含有一个零. 由此可断言 **A** 的每条对角线至少含有 k 个零，这是因为，如果 **A** 的对角线含有 t 个零元素，$t\leqslant k-1$，则该对角线的 $m-t$ 个非零元素与 **J** 中适当的 t 个元素（每个都是非零的）一起构成没有任何零元素的 **B** 的对角线.

例3　求 $m\times n$ 矩阵中（$m\leqslant n$）每条对角线恰好有 k 个零的充分必要条件.

解　令 **A** 是 $m\times n$ 矩阵，$m\leqslant n$. 假设 **A** 的每条对角线由 k 个零元和 $m-k$ 个非零元构成. 由定理4知，矩阵 **A** 必含有一个零子矩阵，$s+t=k+n$ 和一个元素全是非零的 $p\times q$ 子矩阵，且 $p+q=n+(m-k)$. 因为两个矩阵不能交叉，必有 $s+p\leqslant m$ 或 $t-q\leqslant n$ 成立. 但

$$(s+p)+(t+q)=2n+m$$

从而，如果 $s+p\leqslant m$，则

$$m+t+q\geqslant 2n+m$$

即

$$t+q\geqslant 2n$$

由此得到 $q=t=n$，于是，$s=k$ 且 $p=m-k$. 换而言之，矩阵 **A** 由 k 个零行和 $m-k$ 个没有零的行构成. 如果 $t+q\leqslant n$，则

$$s+p+n\geqslant 2n+m$$

即

$$s+p\geqslant n+m$$

除非 $m=n$，但这是不可能的，因为当 $m=n$ 时，有 $s=p=n$，$t=k$ 和 $q=n-k$，并且矩阵 **A** 由 k 个零列和 $n-k$ 个没有零的列构成.

上面的条件显然是充分的.

现在,我们定义一个重要的组合概念,它通常与(0,1)-矩阵有关.

定义3 设$\boldsymbol{A}$是$m\times n$非负矩阵,$\boldsymbol{A}$的项秩是$\boldsymbol{A}$中没有两个位于相同线上的正元素的最大数. 换而言之,$\boldsymbol{A}$的项秩是$\boldsymbol{A}$的最大正子积和式的阶数.

定理5(Kŏnig-Egerváry) $m\times n$非负矩阵$\boldsymbol{A}$的包含其一切正元素的线集中的最小线数等于$\boldsymbol{A}$的项秩.

证明 令r表示$\boldsymbol{A}$的项秩. 如果w条线含有$\boldsymbol{A}$的一切正元素,则$w\geqslant r$. 假设u个行和v个列一起含有$\boldsymbol{A}$的一切正元素,并且$u+v=w$,其中w是最小线数. 不失一般性,可以认为这是$\boldsymbol{A}$的前u行和前v列,即

$$\boldsymbol{A}=\begin{pmatrix}\boldsymbol{B} & \boldsymbol{C}\\ \boldsymbol{D} & \boldsymbol{O}\end{pmatrix}$$

其中$\boldsymbol{B}$是$u\times v$矩阵,显然$w\leqslant\min\{m,n\}$,从而,$u\leqslant n-v$. 现在断言$\boldsymbol{C}$的项秩是u. 否则,$\boldsymbol{C}$的每条对角线会含有零. 由定理3知,矩阵$\boldsymbol{C}$会含有一个$p\times q$零子矩阵,且$p+q=1+n-u$. 从而,$\boldsymbol{A}$会含有$(m-u+p)\times q$零子矩阵,由此可见,$\boldsymbol{A}$的全部正元素将包含在它的$u-p$个行和$n-q$个列中,但

$$\begin{aligned}(u-p)+(n-q)&=u+n-1-n+v=\\&u+v-1=w-1\end{aligned}$$

从而w不能是最小的. 同理,$\boldsymbol{D}$的项秩是v,另外$\boldsymbol{A}$的项秩至少同$\boldsymbol{C}$与$\boldsymbol{D}$的项秩的和一般大,因此

$$r\geqslant u+v=w$$

此式同前面已得不等式$r\leqslant w$放在一起就给出

$$r=w$$

例 4 矩阵

$$A=\begin{pmatrix}1&0&1&0\\0&0&1&0\\0&1&0&1\\1&0&1&0\end{pmatrix}$$

的项秩是 3,这是 $\mathrm{per}(A(1\mid 4))>0$ 和 $\mathrm{per}(A)=0$ 的缘故. 我们观察到第 3 行、第 1 列和第 3 列含有 A 的全部正元素.

3. 非负矩阵与图论

非负矩阵的许多性质,像不可约性、本原性、不可约矩阵的 Frobenius 型及非本原性指标等都只依赖于矩阵的零型. 为了便于研究,这些性质常用有相同零型的(0,1) - 矩阵去代替非负矩阵,随后对每个这样的(0,1) - 矩阵再考虑一个本质唯一的相伴有向图(见下面的定义). 本节将证明:非负矩阵的某些性质怎样从它的相伴有向图的有关性质推出. 这里我们不讨论由相伴矩阵的代数性质去决定有向图的结构性质的逆问题(它或许是更重要的).

我们从研究图论不可或缺的大量定义开始.

定义 4 设 V 是非空的 n 元集,其元素可以方便地标号为 $1,\cdots,n$;E 是 V 中的一个二元关系,即 V 中元素的有序对的集合. $D=(V,E)$ 称为有向图. V 中的元素称为 D 的顶点. E 中的元素称为 D 的弧. 弧 (i,j) 称为联结顶点 i 到顶点 j 的弧. D 的一个子图是一个有向图,其一切顶点和弧属于 D. D 的一个生成子图是包含全部顶点的一个子图.

对于有向图 D 来说用一个图形来表示它是方便的. 在该图形中 D 的顶点用点表示,D 的弧用联结有关点的有向线表示. 习惯上把这个图形也叫作有向图 D.

例 5 设 $V=\{1,2,3,4,5\}$, $E=\{(1,1),(1,3),(2,5),(3,1),(3,4),(4,1),(4,2),(4,3),(5,4)\}$, 则图 $D=(V,E)$ 可用图 1 来表示. 自然图 2 也表示同一图 D. 这是因为两个图形中的对应点(顶点)都是同时被有向线段(弧)联结或不是这样联结的. 注意,在图 2 中某些线相交的点不是该图的顶点,这些假设的交点不是图的组成部分.

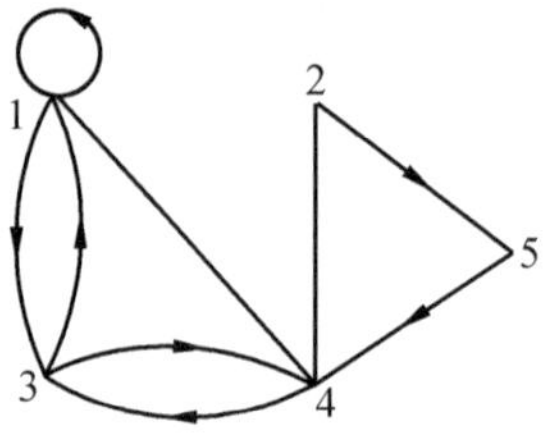

图 1

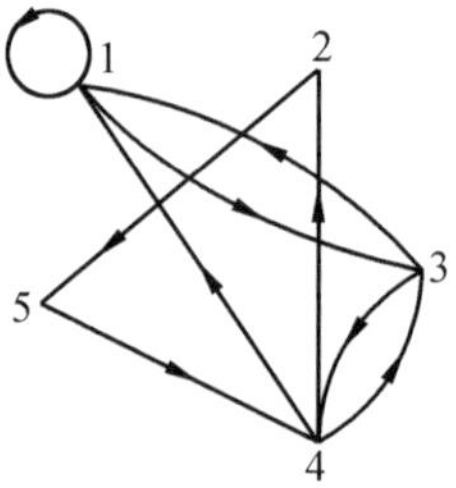

图 2

D 的弧的序列 $(i,t_1),(t_1,t_2),(t_2,t_3),\cdots,(t_{m-2},t_{m-1}),(t_{m-1},j)$ 称为联结 i 到 j 的道路,道路的长度定义为序列中弧的条数 m. 联结顶点 i 到自身的长度为 m 的路叫作长度为 m 的循环. 如果一个循环每个顶点作为弧的第一个顶点恰好出现一次,则该循环称为回路,长度为 1 的循环称为圈,生成回路称为 Hgmitronian 回路.

定义 5 (1) 几个顶点的有向图 D 的邻接矩阵 $\boldsymbol{A}(D)$ 是一个 $(0,1)$ - 矩阵,该矩阵的 (i,j) 元素是 1, 当且仅当 (i,j) 是 D 的弧.

(2) 有向图 $D(\boldsymbol{X})$ 称为与非负矩阵 $\boldsymbol{X}$ 相伴,如果 $D(\boldsymbol{X})$ 的邻接矩阵与 $\boldsymbol{X}$ 有相同的零型.

例如,例 5 的有向图与矩阵

$$\begin{pmatrix} \frac{1}{2} & 0 & \frac{1}{2} & 0 & 0 \\ 0 & 0 & 0 & 0 & 1 \\ \frac{2}{3} & 0 & 0 & \frac{1}{3} & 0 \\ \frac{1}{4} & \frac{1}{2} & \frac{1}{4} & 0 & 0 \\ 0 & 0 & 0 & 1 & 0 \end{pmatrix}$$

和其他有相同零型的非负矩阵相伴.

定义 6　如果对任意不同顶点的有序对 i 和 j,在有向图 D 中有联结 i 到 j 的道路,则有向图 D 叫作强连通的.

例 6　例 5 的有向图是强连通的,而图 3 不是强连通的:因为它不含联结顶点 1 到 2 的任何道路. 这个图的邻接矩阵是显然为可约的下列矩阵

$$\begin{pmatrix} 1 & 0 & 1 & 0 & 0 \\ 1 & 0 & 1 & 1 & 1 \\ 1 & 0 & 1 & 0 & 0 \\ 1 & 1 & 0 & 1 & 1 \\ 0 & 1 & 1 & 1 & 0 \end{pmatrix}$$

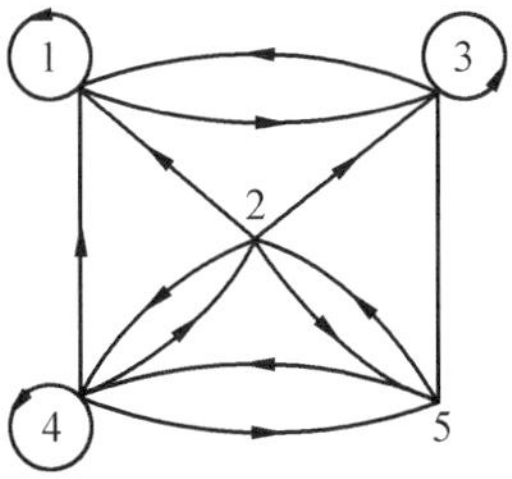

图 3

在例5和例6中不可约矩阵的相伴有向图是强连通的,而可约矩阵的相伴有向图不是强连通的. 我们证明这种对应关系对于一切非负矩阵是成立的.

我们知道,如果 $\boldsymbol{A}=(a_{ij})$ 是方阵,则 $a_{ij}^{(k)}$ 表示 $\boldsymbol{A}^k$ 的 (i,j) 元素.

定理6 如果 $\boldsymbol{A}=(a_{ij})$ 是(0,1) - 矩阵,$D(\boldsymbol{A})$ 是顶点 $1,\cdots,n$ 的相伴有向图,则联结顶点 i 到顶点 j 的长度为 k 的不同道路的数目等于 $a_{ij}^{(k)}$.

证明 一方面,我们有

$$a_{ij}^{(k)}=\sum_{t_1t_2\cdots t_{k-1}}a_{it_1}a_{t_1t_2}\cdots a_{t_{k-2},t_{k-1}}a_{t_{k-1},j}$$

其中 $t_1,\cdots,t_{k-1}$ 独立取遍1和 h 之间的所有整数. 另一方面, 在 $D(\boldsymbol{A})$ 中的道路 (i,t_1), (t_1,t_2), $\cdots$, (t_{k-2},t_{k-1}), (t_{k-1},j) 联结 i 到 j, 当且仅当 $a_{it_1}=a_{t_1t_2}=\cdots=a_{t_{k-1},t_{k-2}}=a_{t_{k-1},j}=1$. 即当且仅当 $a_{it_1}=a_{t_1t_2}=\cdots=a_{t_{k-2},t_{k-1}}=a_{t_{k-1},j}=1$. 即当且仅当 $a_{it_1}a_{t_1t_2}\cdots a_{t_{k-2},t_{k-1}}a_{t_{k-1},j}=1$. 结果由此得证.

推论1 如果 $\boldsymbol{A}=(a_{ij})$ 为非负矩阵,则相伴有向图有联结顶点 i 到 j 的长度为 k 的道路当且仅当 $a_{ij}^{(k)}>0$.

此推论给出下面的重要定理.

定理7 一个非负矩阵是不可约的当且仅当其相伴有向图是强连通的.

证明 $n\times n$ 非负矩阵 $\boldsymbol{A}=(a_{ij})$ 是不可约的当且仅当对每个 i 和 j, $1\leqslant i,j\leqslant n$, 存在一个整数 k 使得 $a_{ij}^{(k)}>0$, 由定理6的推论1知,满足这个条件当且仅当相伴有向图 $D(\boldsymbol{A})$ 有联结顶点 i 到 j 的道路. 由此得, $\boldsymbol{A}$ 是不可约的当且仅当对每个 i,j 存在 D 的联结 i 到 j 的

道路. 换而言之,当且仅当 $D(\boldsymbol{A})$ 是强连通的.

图论的方法可用于确定一个给定的非负矩阵是否为本原的和用于求一个不可约矩阵的非本原性指标.

定义 7 设 D 是强连通有向图,D 中所有循环的长度的最大公因数叫作 D 的非本原性指标.

引理 1 设 D 是有非本原性指标 k 的强连通图,k_i 是 D 的通过顶点 i 的一切循环的长度的最大公因数,则 $k_i = k$.

证明 显然 $k \mid k_i$,我们证明 $k_i = k$. 设 C_i 是 D 的任一循环,令它的长度为 m_i,并通过顶点 j. 由于 D 是强连通的,它含有联结顶点 i 到顶点 j 的一条道路 p_{ij} 和联结顶点 j 到顶点 i 的一条道路 p_{ji}. 令这些道路的长度分别是 s_{ij} 和 s_{ji}. 现在由 p_{ij} 和 p_{ji} 组成的路和由 p_{ij}, c_j 和 p_{ji} 组成的路都是通过顶点 i 的循环. 这些循环的长度是 $s_{ij}+s_{ji}$ 和 $s_{ij}+m_j+s_{ji}$. 由于 k_i 整除 $s_{ij}+s_{ji}$ 和 $s_{ij}+m_j+s_{ji}$,它必整除 m_j. 换而言之,k_i 整除 D 中每个循环的长度,这样一来 $k_i \mid k$,从而 $k_i = k$.

定理 8 不可约矩阵的非本原性指标等于相伴有向图的非本原性指标.

证明 设 h 是不可约 $n \times n$ 矩阵 $\boldsymbol{A} = (a_{ij})$ 的非本原性指标,k 是相伴强连通有向图 $D(\boldsymbol{A})$ 的非本原性指标. 考虑通过顶点 i 的循环,设 M_i 是这些循环长度的集合,则由引理 1 知

$$k = \gcd\{m_t \mid m_t \in M_i\}$$

我们证明 M_i 在加法下是封闭的. 设 m_1, m_2 是 M_i 中的任意整数,则由定理 6 的推论 1 知,$a_{ii}^{(m_1)} > 0$ 和 $a_{ii}^{(m_2)} > 0$,从而

$$a_{ii}^{(m_1+m_2)} = \sum_{t=1}^{n} a_{it}^{(m_1)} a_{ti}^{(m_2)} \geqslant a_{ii}^{(m_1)} a_{ii}^{(m_2)} > 0$$

因此，由定理 6 的推论 1 知，存在通过顶点 i，长度为 m_1+m_2 的循环. 所以，$m_1+m_2 \in M_i$，即 M_i 在加法下是封闭的. 按众所周知的 Schur 定理，M_i 包含 k 的除有限项外一切的整数倍. 所以，对一切足够大的整数 t，$a_{ii}^{(kt)} > 0$. 另外，如果 s 不是 k 的倍数，则由 M_i 的定义 (1) 和定理6 的推论1 可得 $a_{ii}^{(s)}=0$. 由于 i 是 $D(\boldsymbol{A})$ 的任意顶点，我们可以推得对一切足够大的 s 和 $i=1,\cdots,n$，$a_{ii}^{(s)} > 0$ 当且仅当 k 是 s 的倍数.

矩阵 $\boldsymbol{A}$ 是不可约的，它的非本原性指标为 h. 因此，若 $h>1$，则存在一个置换矩阵 $\boldsymbol{P}$ 使得 $\boldsymbol{P}^{\mathrm{T}}\boldsymbol{AP}$ 是有 h 个非零上对角线块的 Frobenius 型，$(\boldsymbol{P}^{\mathrm{T}}\boldsymbol{AP})^h$ 是本原矩阵的直和. 因此，对于足够大的 t，$(\boldsymbol{P}^{\mathrm{T}}\boldsymbol{AP})^{ht}=\boldsymbol{P}^{\mathrm{T}}\boldsymbol{A}^{ht}\boldsymbol{P}$ 是正矩阵的直和. 从而，对一切足够大的 t，$a_{ii}^{(ht)} > 0$，$i=1,\cdots,n$. 另外，如果 s 不是 h 的倍数，则 $(\boldsymbol{P}^{T}\boldsymbol{AP})^s$（即 $\boldsymbol{A}^s$）的一切主对角线元素均是零. 若 $h=1$，则 $\boldsymbol{A}$ 是本原的，且对于足够大的 t，矩阵 $\boldsymbol{A}^t=\boldsymbol{A}^{ht}$ 是正的. 在每种情况下，都能推得：对于足够大的 s，$a_{ii}^{(s)} > 0$ 当且仅当 s 是 h 的倍数，因此即得 $h=k$.

由于非负矩阵有非零的主对角线元素当且仅当相伴有向图是圈，即长度为 1 的循环. 故有下面的结果：

推论 1　有非零主对角线的不可约矩阵是本原的.

定理 8 为求不可约矩阵的非本原性指标提供了一个有用的方法. 注意到：有向图的非本原性指标等于图中一切回路长度的最大公因数，这会使我们这里求非本原性指标的工作变得稍微容易一些.

例 7 用图论的方法证明

$$A=\begin{pmatrix}0&1&0&0&0&0\\1&0&0&0&1&0\\0&1&0&0&0&0\\1&0&1&0&0&0\\0&0&0&1&0&1\\0&0&1&0&1&0\end{pmatrix}$$

是不可约的,并求它的非本原性指标.

构作 $\boldsymbol{A}$ 的相伴有向图如图 4.

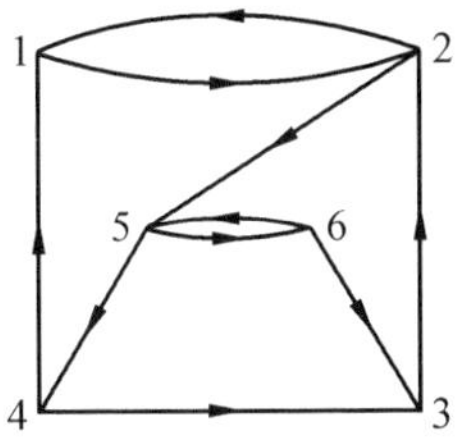

图 4

我们核实,联结每一对顶点都有路,从而该图是强连通的. 显然,只需核实例如顶点 1 联结到每一个其他顶点并且每个其他顶点都联结到顶点 1,则可得 $\boldsymbol{A}$ 是不可约的. 我们注意到,存在一个通过顶点 1 长度为 2 的循环,且不存在长度为奇数的圈. 由此可以推得图的非本原性指标(从而 $\boldsymbol{A}$ 的非本原性指标)为 2. 从该图显而易见,如果在其中加进一条弧,例如(2,6),则该图会有一长度为 3 的循环,从而其非本原性指标是 1,它的邻接矩阵也是本原的. 把(2,6)位置的0用1代替,得出所得矩阵非本原性的直接检验或许不是这样显然的. 这一节的结尾,将介绍由 Lewin 首先提出的本原矩阵的特性.

定理 9　如果 $\boldsymbol{A}=(a_{ij})$ 是不可约矩阵，且对某 (i,j) 有

$$a_{ij}a_{ij}^{(2)}>0$$

则 $\boldsymbol{A}$ 是本原的.

证明　由定理6的推论1知，在相伴有向图 $D(\boldsymbol{A})$ 中有以长度为1和2的道路把顶点 i 联结到顶点 j. 因 $\boldsymbol{A}$ 是不可约的，故 $D(\boldsymbol{A})$ 是强连通的，存在一个例如长度为 s 的联结顶点 j 到 i 的道路. 于是，$D(\boldsymbol{A})$ 含有长度为 $s+1$ 和 $s+2$ 的循环. 由于 $\gcd(s+1,s+2)=1$，由定理8知，$\boldsymbol{A}$ 是本原的.

定理9可表述为下面形式：如果 $\boldsymbol{A}$ 是不可约矩阵，且 Hadamard 积 $\boldsymbol{A}*\boldsymbol{A}^2$ 是非零的，则 $\boldsymbol{A}$ 是本原的.（我们知道，两个 $m\times n$ 矩阵 $\boldsymbol{X}=(x_{ij})$ 和 $\boldsymbol{Y}=(y_{ij})$ 的 Hadamard 积是一个 $m\times n$ 矩阵，其 (i,j) 元素是 $x_{ij}y_{ij}$.）

注意，定理9的逆命题不是真的. 例如矩阵

$$\boldsymbol{A}=\begin{pmatrix}0&1&0&1&0\\0&0&1&0&0\\0&0&0&1&0\\0&0&0&0&1\\1&0&0&0&0\end{pmatrix}$$

是本原的，但 $\boldsymbol{A}*\boldsymbol{A}^2=0$.

定理 10　不可约矩阵 $\boldsymbol{A}$ 是本原的当且仅当存在一个正整数 q 使得 $\boldsymbol{A}^q*\boldsymbol{A}^{q+1}$ 是非零的.

证明　按证明定理9的方法可证充分性；必要性是显然的.

4. 完全不可分解矩阵

在上一节，我们见到非负矩阵的谱性质，经过它

的行的适当的置换和它的列的相同置换后，变得较为明显. 当研究非负矩阵的组合性质时，我们可以独立地置换矩阵的行与列而不影响它的基本组合特性. 例如：关联矩阵的行的一个置换对应于把组态中的子集重新编号，而列的一个置换则等价于把元素重新编号变换. 如果存在置换矩阵 $\boldsymbol{P}$ 和 $\boldsymbol{Q}$，使得 $\boldsymbol{A}=\boldsymbol{PBQ}$，则我们称两个矩阵 $\boldsymbol{A}$ 和 $\boldsymbol{B}$ 是置换等价或 p - 等价的. 在非负矩阵的谱理论中，基本的概念是不可约矩阵，即不同步于较小矩阵的子直和的矩阵. 在组合理论中与之相当的概念是完全不可分解矩阵，即不与任意的子直和 p - 等价的矩阵.

定义 8　一个 $n\times n$ 非负矩阵，如果它含有 $s\times(n-s)$ 零子矩阵，则称其部分可分解的. 换而言之，矩阵是部分可分解的，如果它 p - 等价于一个形如

$$\begin{pmatrix}\boldsymbol{X} & \boldsymbol{Y}\\ \boldsymbol{O} & \boldsymbol{Z}\end{pmatrix}$$

的矩阵，其中 $\boldsymbol{X}$ 和 $\boldsymbol{Z}$ 是方阵. 如果 $n\times n$ 非负矩阵不含有任何 $s\times(n-s)$ 零子矩阵，则叫作完全不可分解的. 也就是说，非负矩阵是完全不可分解的，如果它不是部分可分解的，则由定义知，1×1 零矩阵是部分可分解的. 而 1×1 非零矩阵是完全不可分解的.

完全不可分解矩阵的一个用积和式表述的重要特性由下面的定理给出.

定理 11（Marcus 和 Minc）　$n\times n$ 非负矩阵 $\boldsymbol{A}(n\geqslant 2)$ 是完全不可分解的当且仅当对一切的 i 和 j 成立

$$\operatorname{per}(\boldsymbol{A}(i\mid j))>0$$

证明　由 Frobenius-Kŏnig 定理（定理 3），对某个 h 和 k，$\operatorname{per}(\boldsymbol{A}(h\mid k))=0$ 当且仅当子矩阵为 $\boldsymbol{A}(h\mid$

k). 进而矩阵 $\boldsymbol{A}$ 含有 $s \times t$ 零子矩阵, $s + t = (n - 1) + 1 = n$. 因此, 对某个 h 和 k, $\operatorname{per}(\boldsymbol{A}(h \mid k)) = 0$ 当且仅当 $\boldsymbol{A}$ 是部分可分解的.

推论 1　完全不可分解矩阵的每个正元素都位于一条正对角线上.

我们知道, (i, j) 位置的元素是 1 而其余元素是 0 的 $n \times n$ 矩阵记为 $\boldsymbol{E}_{ij}$.

推论 2　如果 $\boldsymbol{A}$ 是完全不可分解的非负矩阵, 且 c 是非零实数, 则对每个 i 和 j 有

$$\operatorname{per}(\boldsymbol{A} + c\boldsymbol{E}_{ij}) > \operatorname{per}(\boldsymbol{A})$$

或

$$\operatorname{per}(\boldsymbol{A} + c\boldsymbol{E}_{ij}) < \operatorname{per}(\boldsymbol{A})$$

随 $c > 0$ 或 $c < 0$ 而定.

这是因为

$$\operatorname{per}(\boldsymbol{A} + \boldsymbol{E}_{ij}) = \operatorname{per}(\boldsymbol{A}) + c\operatorname{per}(\boldsymbol{A}(i \mid j))$$

及由定理 8 知, $\operatorname{per}(\boldsymbol{A}(i \mid j)) > 0$.

对于完全不可分解的 $(0,1)$ - 矩阵的情况, 可能有更强的结果成立.

推论 3　如果 $\boldsymbol{A}$ 是完全不可分解的 $(0,1)$ - 矩阵, 则

$$\operatorname{per}(\boldsymbol{A} + \sum_{i=1}^{m} \boldsymbol{E}_{ij}) \geqslant \operatorname{per}(\boldsymbol{A}) + m$$

证明　由于 $\boldsymbol{A}$ 是一个 $(0,1)$ - 矩阵, 由定理 11 知, 对一切的 i 和 j

$$\operatorname{per}(\boldsymbol{A}(i \mid j)) \geqslant 1$$

因此

$$\operatorname{per}(\boldsymbol{A} + \boldsymbol{E}_{ij_1}) = \operatorname{per}(\boldsymbol{A}) + \operatorname{per}(\boldsymbol{A}(i \mid j)) \geqslant \operatorname{per}(\boldsymbol{A}) + 1$$

显然,$\boldsymbol{A}+\boldsymbol{E}_{i_1j_1}$ 是完全不可分解的.再对 m 进行归纳法证明即可.

定理 12　设

$$\boldsymbol{A}=\begin{pmatrix} \boldsymbol{A}_1 & \boldsymbol{B}_2 & 0 & \cdots & 0 & 0 \\ 0 & \boldsymbol{A}_2 & \boldsymbol{B}_2 & \cdots & 0 & 0 \\ \vdots & \vdots & \vdots & & \vdots & \vdots \\ 0 & 0 & 0 & \cdots & \boldsymbol{A}_{r-1} & \boldsymbol{B}_{r-1} \\ \boldsymbol{B}_r & 0 & 0 & \cdots & 0 & \boldsymbol{A}_r \end{pmatrix} \tag{7}$$

是 $n\times n$ 非负矩阵,其中 $\boldsymbol{A}_i$ 是完全不可分解的 $n_i\times n_i$ 矩阵,且 $\boldsymbol{B}_i\neq\boldsymbol{0}(i=1,\cdots,r)$,则 $\boldsymbol{A}$ 是完全不可分解的.

证明　假设 $\boldsymbol{A}$ 是部分可分解的,即对某个 $\alpha\in Q_{sn}$ 和 $\beta\in Q_{tn}$,$s+t=n$,有 $\boldsymbol{A}(\alpha\mid\beta)=0$.设 α 有 s_j 行,β 有 t_j 列,β 与子矩阵 $\boldsymbol{A}_j$ 相交$(j=1,\cdots,r)$,则由 $s_1+\cdots+s_r=s\geqslant 1$ 知,至少有一个 s_j 是正的.同理,至少有一个 t_j 是正的.同时因每个 $\boldsymbol{A}_j$ 是完全不可分解的且包含 $s_j\times t_j$ 零子矩阵(除非 $s_j=0$ 或 $t_j=0$).故必有 $s_j+t_j\leqslant n_j$,仅当 $s_j=0$ 或 $t_j=0$ 时,等号才成立.但

$$n=s+t=\sum_{j=1}^{r}s_j+\sum_{j=1}^{r}t_j=$$
$$\sum_{j=1}^{r}(s_j+t_j)\leqslant\sum_{j=1}^{r}n_j=n$$

于是对于每个 j,有 $s_j+t_j=n_j$,由此推出对于 $j=1,\cdots,r$,不是 $s_j=0$ 就是 $t_j=0$.但既不是一切 s_j 也不是一切 t_j 都是零.因此,必存在一整数 k,使得 $s_k=n_k$ 和 $t_{k+1}=n_{k+1}$(下标按模 r 化简).但是这样一来,$\boldsymbol{B}_k$ 就是一个零子矩阵的子矩阵,与我们的假设矛盾.

定义 9　如果非负矩阵的一切行和与列和都为 1,则称为双随机的.

显然,双随机矩阵必是方阵.

定义 10 如果非负矩阵与一个双随机矩阵有相同零型,则称为有双随机型.

例如,矩阵

$$\begin{pmatrix} 1 & 1 & 1 \\ 1 & 1 & 0 \\ 1 & 0 & 1 \end{pmatrix}$$

有双随机型,这是因为它与双随机矩阵

$$\begin{pmatrix} \frac{1}{2} & \frac{1}{4} & \frac{1}{4} \\ \frac{1}{4} & \frac{3}{4} & 0 \\ \frac{1}{4} & 0 & \frac{3}{4} \end{pmatrix}$$

有相同的零型. 另外,矩阵

$$\begin{pmatrix} 1 & 1 & 1 \\ 1 & 1 & 0 \\ 0 & 0 & 1 \end{pmatrix} \tag{8}$$

没有双随机型. 因为,如果任意双随机矩阵有与式(8)相同的零型,则它第三行上唯一的非零元素必为 1,但是,它的(1,3) 元素因此不能是正的.

定理 13 完全不可分解矩阵有双随机型.

证明 设 $\boldsymbol{A}=(a_{ij})$ 是 $n\times n$ 完全不可分解矩阵,则由定理 11,对一切 i,j,$\mathrm{per}(\boldsymbol{A}(i|j))>0$,设 $\boldsymbol{S}=(s_{ij})$ 是由

$$s_{ij}=\frac{a_{ij}\mathrm{per}(\boldsymbol{A}(i|j))}{\mathrm{per}(\boldsymbol{A})}, i,j=1,\cdots,n$$

定义的 $n\times n$ 矩阵,显然 $\boldsymbol{S}$ 是非负的,具有与 $\boldsymbol{A}$ 相同的零型.

此外,对 $i=1,\cdots,n$ 有

$$\sum_{j=1}^{n} s_{ij}=\frac{1}{\mathrm{per}(\boldsymbol{A})}\sum_{j=1}^{n} a_{ij}\mathrm{per}(\boldsymbol{A}(i\mid j))=$$
$$\mathrm{per}(\boldsymbol{A})\times\frac{1}{\mathrm{per}(\boldsymbol{A})}=1$$

类似地,对 $j=1,\cdots,n$ 有

$$\sum_{j=1}^{n} s_{ij}=\frac{1}{\mathrm{per}(\boldsymbol{A})}\sum_{j=1}^{n} a_{ij}\mathrm{per}(\boldsymbol{A}(i\mid j))=1$$

因此,$\boldsymbol{S}$ 是双随机的,从而 $\boldsymbol{A}$ 有双随机型.

注意:定理 13 的逆命题不真.

下面一简单结果阐明了完全不可分解性和不可约性之间的联系.

定理 14 非负矩阵是完全不可分解的当且仅当它 p - 等价于一个有正的主对角线的不可约矩阵.

证明 设 $\boldsymbol{A}$ 是有一条正对角线的不可约 $n\times n$ 矩阵. 如果是部分可分解的,则它含有零子矩阵 $\boldsymbol{A}(i_1,\cdots,i_s\mid j_{s+1},j_{s+2},\cdots,j_n)$,$i_1<\cdots<i_s$,$j_{s+1}<j_{s+2}<\cdots<j_n$,其中$\{i_1,\cdots,i_s\}$和$\{j_{s+1},j_{s+2},\cdots,j_n\}$由于 $\boldsymbol{A}$ 在主对角线上无零元素而不一定相交. 但这与 $\boldsymbol{A}$ 的不可约性相矛盾.

反之,由定理11 的推论1 知,完全不可分解的矩阵含有一条正对角线,因而,p - 等价于一个有正主对角线的完全不可分解,从而是不可约的矩阵.

5. 几乎可分解与几乎可约矩阵

由定理 11 的推论 2 知,如果以 0 代替完全不可分解的(0,1) - 矩阵中的一个正元素,则当所得矩阵保持为完全不可分解时,它的积和式至少减小 1,即原先的矩阵的积和式比所得矩阵的积和式至少大 1. 若后

一积和式已知，则给出原先的矩阵积和式的一个下界. 若它不是已知的且估算较困难，则我们就可重复进行以 0 代替 1 的过程，直到得到一个易于处理的完全不可分解矩阵为止，然后，利用定理11 的推论3 便能获得原先矩阵积和式的一个下界. 现在来考虑对完全不可分解矩阵尽可能地进行这样的剥皮过程，即以 0 代替一个正元素并得到新的完全不可分解矩阵的过程，从而获得矩阵类.

定义 11 (1) 完全不可分解的非负矩阵 $\boldsymbol{A}=(a_{ij})$，如果对每个 $a_{hk}>0$，矩阵 $\boldsymbol{A}-a_{hk}\boldsymbol{E}_{hk}$ 是部分可分解的，则称为几乎可分解的.

(2) 不可约非负矩阵 $\boldsymbol{A}=(a_{ij})$，如果对每个正的 a_{hk}，矩阵 $\boldsymbol{A}-a_{hk}\boldsymbol{E}_{hk}$ 是可约的，则称为几乎可约的. 这里为方便起见把 1×1 零矩阵看作是几乎可约(从而是不可约)的.

(3) 强连通有向图，如果删除它的任意一条弧它就不再是强连通的，则称为极小连通的.

(4) 不含圈的强连通有向图，如果它至多有一个顶点与多于两条的弧相连接，则称为玫瑰结.

(5) 如果 w 是有向图顶点的子集，则 w 的收缩是从 D 中删去联结 w 的任意两个顶点的两个弧并把 w 的一切顶点看作由与它们之一相同的单个点而得到的.

注意：w 的收缩可能不是有向图，因为可能有连续同一有序对顶点的重弧. 然而，如果没有顶点对被多于一条的弧联结，则该收缩是有向图.

引理 2 (1) 至少有两个顶点的有向图是极小连通的当且仅当它的邻接矩阵是几乎可约的.

(2) 玫瑰结是极小连通图.

(3) 回路的邻接矩阵是完全循环置换矩阵.

上述引理是相当明显的,证明留给读者.

引理3　设矩阵 $\boldsymbol{A}$ 有4种形同矩阵(7)的形式,其中 $\boldsymbol{A}_i$ 是完全不可分解的且 $\boldsymbol{B}_i$ 是非零的. 如果 $\boldsymbol{A}$ 是完全可分解的,则每个 $\boldsymbol{A}_i$ 是几乎可分解的.

证明　如果 $\boldsymbol{A}_i$ 不是几乎可分解的,则在 $\boldsymbol{A}_i$ 中能以零代替一个正元素,而得到仍然是完全不可分解的块. 但是由定理12知,矩阵 $\boldsymbol{A}$ 在其相同的正元素被零代替后仍然是完全不可分解的. 这与 $\boldsymbol{A}$ 是几乎可分解的事实相矛盾.

引理4(Berge)　如果 w 是极小连通有向图 D 的强连通子图的顶点集,则 w 的收缩也是极小连通有向图.

证明　首先证明 w 的收缩是有向图,即它不含有重弧. 因为,如果它不是这种情况,则在 D 中就会存在这样的弧对 (i,j) 和 (i,k) 或 (j,i) 和 (k,i),其中 $i\notin w,j,k\in w$. 因此强连通图 D 不会是极小连通的,原因是从 D 中删去两弧中的一个,所得的有向图也会是强连通的.

下面推断 w 的收缩是极小连通的,它显然是强连通的. 此外,删去它的任意弧,不能得出一个强连通图. 因为不然的话,在 D 中删去同样的弧,也会得出一个强连通图,这与 D 是极小连通的事实相矛盾.

对于几乎可约和几乎可分解矩阵,下面的属于 Hartfiel 的定理给出一个非常简单的标准形式,对于几乎可分解矩阵,Hartfiel 标准形式实际上是 Sinkhorn 和 Knopp 得到的标准形式的一个实质性的简化.

定理15　设 $\boldsymbol{A}$ 是 $n\times n$ 几乎可分解(几乎可约)矩

阵,$n > 1$,则 $\boldsymbol{A}$ p - 等价(同步) 于形如

$$\begin{pmatrix} \boldsymbol{A}_1 & \boldsymbol{E}_1 & \boldsymbol{0} & \cdots & \boldsymbol{0} & \boldsymbol{0} \\ \boldsymbol{0} & \boldsymbol{A}_2 & \boldsymbol{E}_2 & \cdots & \boldsymbol{0} & \boldsymbol{0} \\ \vdots & \vdots & \vdots & & \vdots & \vdots \\ \boldsymbol{0} & \boldsymbol{0} & \boldsymbol{0} & \cdots & \boldsymbol{E}_{s-2} & \boldsymbol{0} \\ \boldsymbol{0} & \boldsymbol{0} & \boldsymbol{0} & \cdots & \boldsymbol{A}_{s-1} & \boldsymbol{E}_{s-1} \\ \boldsymbol{E}_s & \boldsymbol{0} & \boldsymbol{0} & \cdots & \boldsymbol{0} & \boldsymbol{A}_s \end{pmatrix} \tag{9}$$

的矩阵,其中 $s \geqslant 2$;每个 $\boldsymbol{E}_i$ 恰好有一个正元素,每个 $\boldsymbol{A}_i$ 几乎可分解(几乎可约);并且一切 $\boldsymbol{A}_i$ 是1×1 的.

证明 首先证明几乎可约矩阵的情形. 设 D 是相伴于$\boldsymbol{A}$ 的有向图. 由引理2(1) 知,图 D 是极小连通的. 如果 D 是 Hamiltonian 回路,则由引理2(3) 知,D 的邻接矩阵是完全循环置换矩阵. 且 $\boldsymbol{A}$ 同步于式(9) 形式的矩阵. 如果 D 不是 Hamiltonian 回路,我们缩小它的任一回路,由引理 4 知,所得图 D_1 是极小连通的. 设 v_1 是代替该缩小回路的顶点的 D_1 的顶点. 如果 D_1 不是 Hamiltonian 回路,我们再次缩小通过 v_1 的任一回路得到极小连通图 D_2. 设 v_2 是代替通过 v_1 的缩小回路顶点的 D_2 的顶点. 继续实施这个缩小过程,直到得出长度为 s 的 Hamiltonian 回路的极小连通图 D_m 为止. 设 v_m 是上述过程中一切回路收缩成的那个顶点. 缩小到 v_m 的 D 的那些顶点组成的 D 的子图是一个玫瑰结. D_m 中其余的 $s-1$ 个顶点未卷入上述缩小过程. 把它们重新标号为 $1,\cdots,s-1$,将 v_m 标号为 s,把 D 的其余的顶点按任意顺序标号为 $s+1,s+2,\cdots,n$. 则按上述办法重新标号过顶点的 D 的邻接矩阵 $\boldsymbol{C}$ 具有形式(9),其中 $\boldsymbol{A}_1=\boldsymbol{A}_2=\cdots=\boldsymbol{A}_{s-1}=\boldsymbol{0}$,$\boldsymbol{E}_1=\boldsymbol{E}_2=\cdots=\boldsymbol{E}_{s-2}=1$,$\boldsymbol{E}_{s-1}$ 是第一个元素为 1 其余元素为0 的$1\times(n-s+1)$ 矩阵. $\boldsymbol{E}_s$

是最上面的元素为1其余元素为0的$(n-s+1)\times 1$矩阵. 矩阵$\boldsymbol{A}$同步于与$\boldsymbol{C}$有相同零型的一个矩阵,这就完成了当$\boldsymbol{A}$是几乎可约时的证明.

现在,假设$\boldsymbol{A}$是几乎可分解的. 由定理14知,矩阵$\boldsymbol{A}$ p-等价于有正主对角线的一个不可约矩阵$\overline{\boldsymbol{A}}$. 因矩阵$\overline{\boldsymbol{A}}$的不可约性与它的主对角线元素无关,故$\overline{\boldsymbol{A}}$是一个有零主对角线的不可约矩阵$\boldsymbol{B}$和一个非奇异的非负对角矩阵$\boldsymbol{L}$的和. 显然,$\boldsymbol{B}$是几乎可约的,从而按上面已证明了的结果应有置换矩阵$\boldsymbol{P}$,使得$\boldsymbol{P}^{\mathrm{T}}\boldsymbol{B}\boldsymbol{P}$有形式(9),其中主对角线块是几乎可约的,且每个$\boldsymbol{E}_i$恰好有一个正元素. 再由定理14知,$\boldsymbol{P}^{\mathrm{T}}\boldsymbol{B}\boldsymbol{P}+\boldsymbol{P}^{\mathrm{T}}\boldsymbol{L}\boldsymbol{P}=\boldsymbol{P}^{\mathrm{T}}\boldsymbol{A}\boldsymbol{P}$也有形式(9). 并且它的主对角块是完全不可分解的,每个$\boldsymbol{E}_i$恰好有一个正元素. 由于$\boldsymbol{P}^{\mathrm{T}}\overline{\boldsymbol{A}}\boldsymbol{P}$是几乎可分解的,则由引理3知,$\boldsymbol{P}^{\mathrm{T}}\overline{\boldsymbol{A}}\boldsymbol{P}$的每个主对角块也是几乎可分解的. 最后矩阵$\boldsymbol{P}^{\mathrm{T}}\overline{\boldsymbol{A}}\boldsymbol{P}$ p-等价于$\boldsymbol{A}$.

可用定理15估计几乎可约或几乎可分解矩阵的正元素的最大数目. 我们从一个引理开始.

引理5　如果$\boldsymbol{A}=(a_{ij})$是有标准形式(9)的几乎可分解矩阵,则$\boldsymbol{A}_s$不能是2×2矩阵.

证明　假设$\boldsymbol{A}_s$是2×2矩阵. 不失一般性,可假设$\boldsymbol{A}$是$(0,1)$-矩阵,而且$\boldsymbol{E}_{s-1}=(1\quad 0)$,$\boldsymbol{E}_s=(0\quad 1)^{\mathrm{T}}$. 由于$\boldsymbol{A}_s$是完全不可分解的$2\times 2$矩阵,它必是正的. 但是,$\boldsymbol{A}$不能是几乎不可分解的. 因为由定理12知,$\boldsymbol{A}-\boldsymbol{E}_{n,n-1}=\boldsymbol{I}_n+\boldsymbol{P}_n$是完全不可分解的(这里$\boldsymbol{P}_n$表示1出现在上对角形上的完全循环置换矩阵).

引理6　(1) 设$\boldsymbol{B}_n$是下面$n\times n(n\geqslant 2)(0,1)$-矩阵

$$B_n=\sum_{j=2}^{n}E_{1j}+\sum_{i=2}^{n}E_{i1}=\begin{pmatrix}0&1&1&\cdots&1\\1&&&&\\1&&O&&\\\vdots&&&&\\1&&&&\end{pmatrix}$$

则 B_n 是几乎可约的.

(2) 设 C_n 是下面 $n\times n(n\geqslant 3)(0,1)$ - 矩阵

$$C_n=B_n+\sum_{i=2}^{n}E_{ii}=\begin{pmatrix}0&1&1&\cdots&1\\1&1&0&\cdots&0\\1&0&1&\cdots&0\\\vdots&\vdots&\vdots&&\vdots\\1&0&0&\cdots&1\end{pmatrix}$$

则 C_n 是几乎可分解的,且

$$\operatorname{per}(C_n)=-\det(C_n)=n-1$$

(注:矩阵 C_n 出现在 Bruijn 和 Erdős 的著名定理中.)

证明 (1) B_n 显然是几乎可约的,因它的相伴有向图是一个玫瑰结.

(2) 由定理 14 知,矩阵 $B_n+I_n=C_n+E_{11}$ 是完全不可分解的,C_n 也是如此. 因为当 $n\geqslant 3$ 时,(1,1) 位置上那个附加的零不能是任一个 $s\times(n-1)$ 零子矩阵的元素. 此外,C_n 也是几乎可分解的,因为若其任一正元素由零代替后所得矩阵含有一个 $1\times(n-1)$ 或 $(n-1)\times 1$ 零子矩阵.

把 C_n 的第一列减去后面的 $n-1$ 列的和,所得矩阵是三角形的,其主对角线积是 $-(n-1)$,即 $\det(C_n)=-(n-1)$.

对 n 用归纳法来计算 C_n 的积和式,C_3 的积和式显然是 2. 假设 $n>3$,且 $\operatorname{per}(C_{n-1})=n-2$,则

$$\begin{aligned}\operatorname{per}(\boldsymbol{C}_n)=&\operatorname{per}(\boldsymbol{C}_n(1\mid n))+\operatorname{per}(\boldsymbol{C}_n(n\mid n))=\\&1+n-2=n-1\end{aligned}$$

矩阵 $\boldsymbol{X}$ 的一切元素的和为 $\sigma(\boldsymbol{X})$.

定理 16(Minc) 如果 $\boldsymbol{A}$ 是几乎可分解的 $n\times n(n\geqslant 3)(0,1)$ - 矩阵,则

$$\sigma(\boldsymbol{A})\leqslant 3(n-1) \tag{10}$$

当且仅当 $\boldsymbol{A}$ p - 等价于 $\boldsymbol{C}_n$ 时式(10)等号成立.

证明 令 $\widetilde{\boldsymbol{A}}$ 是有形式(9)且 p - 等价于 $\boldsymbol{A}$ 的矩阵,则

$$\begin{aligned}\sigma(\boldsymbol{A})=&\sigma(\widetilde{\boldsymbol{A}})=\sum_{i=1}^{s}\sigma(\boldsymbol{E}_i)+\sum_{i=1}^{s}\sigma(\boldsymbol{A}_i)=\\&s+(s-1)+\sigma(\boldsymbol{A}_s)=2s-1+\sigma(\boldsymbol{A}_s)\end{aligned}$$

对 n 用归纳法进行证明. 如果 A_s 是 1×1 的,则 $s=n$, $\widetilde{\boldsymbol{A}}=\boldsymbol{I}_n+\boldsymbol{P}_n$,且

$$\sigma(\boldsymbol{A})=2n-1+1=2n\leqslant 3n-3$$

当且仅当 $n=3$ 时等号成立. 容易看出,矩阵 $\boldsymbol{I}_3+\boldsymbol{P}_3$ p - 等价于 $\boldsymbol{C}_3$.

由引理 5 知,子矩阵 $\boldsymbol{A}_s$ 不能是 2×2 的. 假设 $n-s+1\geqslant 3$,则按归纳假设

$$\begin{aligned}\sigma(\boldsymbol{A})=&2s-1+\sigma(\boldsymbol{A}_s)\leqslant\\&2s-1+3((n-s+1)-1) \qquad (11)\\&3n-s-1\leqslant 3(n-1) \qquad (12)\end{aligned}$$

当且仅当不等式(11)和(12)是等式时,式(10)等号成立. 即当且仅当 $s=2$ 和 $\sigma(\boldsymbol{A}_s)=3((n-s+1)-1)$,并且按归纳假设,子矩阵 $\boldsymbol{A}_s$(即 $\boldsymbol{A}_2$)p - 等价于 $\boldsymbol{C}_{n-1}$. 由此推出 $\boldsymbol{A}$ p - 等价于

$$
\boldsymbol{C}=\begin{pmatrix}
1 & \cdots & 1 & 0 & \cdots & 0\\
\vdots & & \vdots & \vdots & & \vdots\\
1 & \vdots & & & & \\
0 & \vdots & & & & \\
\vdots & \vdots & & \boldsymbol{C}_{n-1} & & \\
0 & 1 & & & &
\end{pmatrix} \tag{13}
$$

矩阵 $\boldsymbol{C}$ 显然 p − 等价于 $\boldsymbol{C}_n$. 注意:$\boldsymbol{E}_1$ 和 $\boldsymbol{E}_2$ 的 1 必在 $(1,2)$ 和 $(2,1)$ 上,因为,如果 $\boldsymbol{E}_1$ 有 1 在 $(1,j)\,(j\geqslant 3)$ 上,则 $\boldsymbol{C}-\boldsymbol{E}_{2j}$ 会是完全不可分解的,这与 $\boldsymbol{C}$ 是几乎可约的事实相矛盾. 同理,E_2 没有 1 在 $(i,1)\,(i\geqslant 3)$ 位置上.

推论 1 一个 $n\times n$ 几乎可分解的非负矩阵至少有 n^2-3n+3 个零元素.

例 8 证明:对任意的 $n\geqslant 3$ 和满足 $2n\leqslant N\leqslant 3(n-1)$ 的 N,存在一个有 N 个正元素的几乎可分解的 $n\times n(0,1)$ − 矩阵.

证明 设 $\boldsymbol{G}_N^n$ 是所要求的矩阵,如果 $N=3(n-1)$,取 $\boldsymbol{G}_N^n=\boldsymbol{C}_s$,即引理6(2)的矩阵. 如果 $N=2n$,则取 $\boldsymbol{G}_N^n=\boldsymbol{I}_n+\boldsymbol{P}_n$. 如果 $2n<N<3(n-1)$,则取

$$
\boldsymbol{G}_n^n=
\left(\begin{array}{ccccc:cccc}
1 & 1 & 0 & \cdots & 0 & 0 & & & \\
0 & 1 & 1 & \cdots & 0 & \vdots & & \boldsymbol{O} & \\
\vdots & \ddots & \ddots & 1 & 1 & 0 & & & \\
0 & \cdots & & 0 & 1 & \vdots & 1 & 0 & \cdots \\
\hdashline
1 & 0 & & \cdots & \cdots & & & & \\
0 & & & & & \vdots & & & \\
\vdots & & \boldsymbol{O} & & & & & \boldsymbol{C}_{n-s+1} & \\
0 & & & & & & & &
\end{array}\right)
$$

其中 $s=3n-N-1$,且左上角的块是 $(s-1)\times(s-1)$

的. 注意,$3 \leqslant n-s+1 \leqslant n-2$. 显然,$\boldsymbol{G}_N^n$ 是几乎可分解的,且

$$\begin{aligned}\sigma(\boldsymbol{G}_N^n)=2s-1+\sigma(\boldsymbol{C}_{n-s+1})=\\ 2s-1+3(n-s)=3n-s-1=\\ 3n-1-(3n-1-N)=N\end{aligned}$$

定理 17　如果 $\boldsymbol{A}$ 是几乎可约的 $n\times n(n\geqslant 2)(0,1)$ - 矩阵,则

$$\sigma(A)\leqslant 2(n-1)$$

定理 17 的证明类似于定理 16 的证明.

6. (0,1) - 矩阵积和式的界

在第 1 节中,我们介绍了子集组态的关联矩阵及其不同表示序列(SDR) 的概念. 在那里我们见到一个 SDR 对应于关联矩阵的一条正对角线,因此,一个组态的 SDR 的数目就等于它的关联矩阵的积和式. 不幸的是,不存在计算积和式的有效方法. 一般来说,对大矩阵的积和式进行计算,即使使用计算机也是不可能实现的. 在此情况下,我们应该满足于求积和式的界.

我们首先重述 Frobenius-Kŏnig 定理(定理 3),作为 SDR 存在的一个条件.

定理 18　n 元集的 m 个子集的组态($m\leqslant n$) 有一个 SDR,当且仅当该组态的关联矩阵不含有 $s\times(n-s+1)(1\leqslant s\leqslant m)$ 零子矩阵.

推论 1(Minc)　如果在一个 n 元集的 m 个子集的组态中($m\leqslant n$),每一个子集至少包含 m 个元素,则该组态有 SDR. 换而言之,如果一个 $m\times n$ $(m\leqslant n)(0,1)$ - 矩阵的 1 个行和大于或等于 m,则它的积和式大

于或等于 1.

此推论是 Frobenius-Kŏnig 定理的一个明显推论. 因为,如果矩阵的积和式为零,则矩阵含有一个 $s\times(n-s+1)$ 零子矩阵. 但由于该子矩阵至多有 $n-m$ 个列且 $s\leqslant m$,就会引出矛盾.

关于组态的 SDR 个数的第一个重要的下界在 1948 年由 Hall 获得,这里我们按积和式的观点并以 Mann 和 Ryser 首先提出的稍加扩展的形式来叙述它.

定理 19 设 $\boldsymbol{A}$ 是每行至少有 t 个 1 的 $m\times n(m\leqslant n)(0,1)$ - 矩阵,则当 $t\geqslant m$ 时

$$\operatorname{per}(\boldsymbol{A})\geqslant\frac{t!}{(t-m)!}$$

当 $t\leqslant m$ 且 $\operatorname{per}(\boldsymbol{A})>0$ 时

$$\operatorname{per}(\boldsymbol{A})\geqslant t!$$

证明 根据定理 18 的推论 1,我们可假设对一切满足 $0<t\leqslant n$ 的 t 值有,$\operatorname{per}(\boldsymbol{A})>0$. 对 m 使用归纳法,如果 $m=1$,则 $t\geqslant m$ 且 $\operatorname{per}(\boldsymbol{A})=t=\frac{t!}{(t-m)!}$. 现在假设 $m>1$ 且对少于 m 行的一切矩阵定理成立. 由于 $\boldsymbol{A}$ 的积和式是正的,矩阵不能包含 $k\times(n-k+1)$ 零子矩阵. 于是 $\boldsymbol{A}$ 的每个 $k\times n$ 子阵至少包含 k 个非零列. 首先,假设对某个 $h,1\leqslant h\leqslant m-1$,$\boldsymbol{A}$ 有一个恰好有 $n-k$ 个零列的 $h\times n$ 子阵,即 $\boldsymbol{A}p$ - 等价于

$$h\begin{pmatrix}\overset{h}{\widehat{\boldsymbol{B}}} & \boldsymbol{O}\\ \boldsymbol{C} & \boldsymbol{D}\end{pmatrix}\tag{14}$$

此矩阵的前 h 行的 t 个元素必包含在 $\boldsymbol{B}$ 中,这样一来,$\boldsymbol{B}$ 的每行中至少有 t 个 1,且 $t\leqslant h\leqslant m-1$,另外

$$\operatorname{per}(\boldsymbol{A})=\operatorname{per}(\boldsymbol{B})\operatorname{per}(\boldsymbol{D})>0$$

因此 $\operatorname{per}(\boldsymbol{B})>0$ 和 $\operatorname{per}(\boldsymbol{D})>0$,按归纳假设,$\operatorname{per}(\boldsymbol{B})\geqslant$

$t!$,从而

$$\begin{aligned}\mathrm{per}(\boldsymbol{A}) = \mathrm{per}(\boldsymbol{B}) \cdot \mathrm{per}(\boldsymbol{D}) \geqslant \\ t!\ \mathrm{per}(\boldsymbol{D}) \geqslant t!\end{aligned}$$

如果 $\boldsymbol{A}$ 不是 p - 等价于形如(14)的一个矩阵,则 $\boldsymbol{A}$ 的每个 $k \times n$ 子矩阵($1 \leqslant k \leqslant m-1$)至少有 $k+1$ 个非零列,从而 $\boldsymbol{A}$ 的每个 $k \times (n-1)$ 子矩阵至少有 k 个非零列. 由定理 3,每个 $(m-1) \times (n-1)$ 子矩阵 $\boldsymbol{A}(s \mid t)$ 有正积和式. 另外 $\boldsymbol{A}(s \mid t)$ 的每个行至少有 $t-1$ 个 1. 于是按归纳假设

$$\mathrm{per}(\boldsymbol{A}(s \mid t)) \geqslant \begin{cases}(t-1), \text{当 } t-1 \leqslant m-1 \text{ 时} \\ \dfrac{(t-1)!}{(t-m)!}, \text{当 } t-1 \geqslant m-1 \text{ 时}\end{cases} \tag{15}$$

但当 $t \leqslant m$ 时,$t-1 \leqslant m-1$,当 $t \geqslant m$ 时,$t-1 \geqslant m-1$. 因此,当 $t \leqslant m$ 时,有

$$\begin{aligned}\mathrm{per}(\boldsymbol{A}) = \sum_{j=1}^{n} a_{1j}\mathrm{per}(\boldsymbol{A}(1 \mid j)) \geqslant \sum_{j=1}^{n} a_{1j}(t-1)! = \\ (t-1)! \sum_{j=1}^{n} a_{1j} \geqslant t!\end{aligned}$$

其中用了不等式 $\sum\limits_{j=1}^{n} a_{1j} \geqslant t$. 同理,当 $t \geqslant m$ 时,有

$$\begin{aligned}\mathrm{per}(\boldsymbol{A}) \geqslant \sum_{j=1}^{n} \frac{a_{1j}(t-1)!}{(t-m)!} = \\ \frac{(t-1)!}{(t-m)!} \sum_{j=1}^{n} a_{1j} \geqslant \\ \frac{t!}{(t-m)!}\end{aligned}$$

注意:在定理 19 中,条件 $\mathrm{per}(\boldsymbol{A}) > 0$ 是必需的. 即使一个 $m \times n(0,1)$ - 矩阵的每个行和是 $n-1$,它的积和式也可能为零. 当然,判定一个 $(0,1)$ - 矩阵的积

和式是否为零不是件容易事,算出它,其实需要$0(h^{\frac{5}{2}})$次计算. 如果矩阵碰巧是方阵且完全不可分解,则其积和式是正的. 但在一般情况下,确定矩阵是否是完全可分解的同确定它的积和式是否为零一样的困难. 尽管如此,关于完全不可分解的(0,1) - 矩阵积和式的其他下界也是可利用的.

定理 20(Minc) 如果$\boldsymbol{A}=(a_{ij})$是完全不可分解的$n\times n(0,1)$ - 矩阵,则

$$\mathrm{per}(\boldsymbol{A})\geqslant\sigma(\boldsymbol{A})-2n+2 \tag{16}$$

其中$\sigma(\boldsymbol{A})$表示$\boldsymbol{A}$的一切元素的和.

证明 首先,假设$\boldsymbol{A}$是几乎可分解的. 对n使用归纳法,对于几乎分解矩阵,当$n=1,2,3$时,不等式(16)成为等式,假设当$3<m<n$时,对于几乎可分解的$m\times m(0,1)$ - 矩阵定理成立. 令$\boldsymbol{P}$和$\boldsymbol{Q}$是置换矩阵,使得$\boldsymbol{B}=\boldsymbol{PAQ}$为第 5 节中的标准形式(9),假设$\boldsymbol{A}_s$是$ns\times ns$的,其中$1\leqslant ns<n$,由于$\boldsymbol{A}_s$是完全不可分解的,由归纳假设

$$\mathrm{per}(\boldsymbol{A}_s)\geqslant\sigma(\boldsymbol{A}_s)\geqslant\sigma(\boldsymbol{A}_s)-2n_s+2$$

但

$$n_s=n-(s-1)$$

$$\sigma(\boldsymbol{A}_s)=\sigma(\boldsymbol{B})-s-(s-1)=\sigma(\boldsymbol{A})-2s+1$$

从而

$$\mathrm{per}(\boldsymbol{A}_s)\geqslant\sigma(\boldsymbol{A})-2s+1-2(n-s+1)+2=\sigma(\boldsymbol{A})-2n+1 \tag{17}$$

$\boldsymbol{E}_1$的 1 位于$\boldsymbol{B}$的$(1,j)$位置,按第 1 行展开$\boldsymbol{B}$的积和式,得

$$\mathrm{per}(\boldsymbol{B})=\mathrm{per}(\boldsymbol{B}(1\mid 1))+\mathrm{per}(\boldsymbol{B}(1\mid j)\geqslant\mathrm{per}(\boldsymbol{A}_s)+1$$

因此

$$\operatorname{per}(\boldsymbol{A})=\operatorname{per}(\boldsymbol{B})\geqslant \operatorname{per}(\boldsymbol{A}_s)+1\geqslant \sigma(\boldsymbol{A})-2n+1$$

现在假设 $\boldsymbol{A}$ 是完全不可分解的，但不是几乎可分解的，则存在 $\boldsymbol{A}$ 的一个元素 $a_{i_1j_1}$，使得 $\boldsymbol{A}-\boldsymbol{E}_{i_1j_1}$ 是完全不可分解的 $(0,1)$ - 矩阵，如果 $\boldsymbol{A}-\boldsymbol{E}_{i_1j_1}$ 不是几乎可分解的，则必存在 $\boldsymbol{A}-\boldsymbol{E}_{i_1j_1}$ 的一个元素 $a_{i_1j_2}=1$，使得 $\boldsymbol{A}-\boldsymbol{E}_{i_1j_1}-\boldsymbol{E}_{i_2j_2}$ 是完全不可分解的，如此继续下去，最后必能求得一个几乎可分解的 $(0,1)$ - 矩阵 $\boldsymbol{C}$，满足

$$\boldsymbol{A}=\boldsymbol{C}+\sum_{t=1}^{m}\boldsymbol{E}_{i_tj_t}$$

由推论 5 知

$$\operatorname{per}(\boldsymbol{A})\geqslant \operatorname{per}(\boldsymbol{C})+m$$

把不等式(3)用于几乎可分解的 $(0,1)$ - 矩阵 $\boldsymbol{C}$，并注意 $\sigma(\boldsymbol{A})=\sigma(\boldsymbol{C})+m$，即得

$$\operatorname{per}(\boldsymbol{A})\geqslant \sigma(\boldsymbol{C})-2n+2+m=\sigma(\boldsymbol{A})-2n+n$$

定理 20 中所证明的积和式的下界在下列意义下是最好的：对于每个 $n\geqslant 3$ 及每个满足 $2n\leqslant N\leqslant 3(n-1)$ 的 N，存在几乎可分解的 $n\times n(0,1)$ - 矩阵 $\boldsymbol{A}$，使得 $\sigma(\boldsymbol{A})=N$，且 $\operatorname{per}(\boldsymbol{A})=\sigma(\boldsymbol{A})-2n+2$. 不过，如果关于矩阵有更多信息可利用的话，则定理 20 的界还可以改进. Gibson 使用定理 19 的 Hall 不等式得到定理 20 的 Minc 不等式的如下改进.

定理 21　如果 $\boldsymbol{A}$ 是每行至少有 t 个 1 的 $n\times n$ 完全不可分解矩阵，则

$$\operatorname{per}(\boldsymbol{A})\geqslant \sigma(\boldsymbol{A})-2n+2+\sum_{i=1}^{t-1}(i!-1)\tag{18}$$

证明　对 t 使用归纳法. 如果 $t=1$ 或 2，则不等式(18)化成不等式(16). 假设 $t\geqslant 3$ 且对一切的 $k<t$ 有

式(18) 成立,由于 $\boldsymbol{A}$ 的每行至少有 t 个 1,由定理 16 得,$\boldsymbol{A}$ 不是几乎可分解的,从而,必存在位置(p,q) 使得 $a_{pq}=1$,$\boldsymbol{B}=\boldsymbol{A}-\boldsymbol{E}_{pq}$ 是完全不可分解的,且其每行至少有 $t-1$ 个 1. 按归纳假设

$$\operatorname{per}(\boldsymbol{B}) \geqslant \sigma(\boldsymbol{A})-2n+1+\sum_{i=1}^{t-2}(i!\ -1) \tag{19}$$

现在,$\operatorname{per}(\boldsymbol{A})=\operatorname{per}(\boldsymbol{B})+\operatorname{per}(\boldsymbol{A}(p\mid q)$. 因为 $\boldsymbol{A}$ 是完全不可分解的,$\boldsymbol{A}(p\mid q)$ 的积和式是正的,且 $\boldsymbol{A}(p\mid q)$ 的每个行和至少是 $t-1$,因此,由定理 19 知

$$\operatorname{per}(\boldsymbol{A}(p\mid q)) \geqslant (t-1)! \tag{20}$$

最后结果由式(19) 和(20) 推出.

在这一节的结尾将讨论关于(0,1) - 矩阵积和式的上界. 这个界值的推测及在特殊情形下的证明由 Minc 给出,Brègman 给出其完全的证明. 下面给出的一个优美的证明是由 Schrijver 给出的. 从两个预备结果开始,以 r_i 表示 $n\times n$ 矩阵 $\boldsymbol{A}=(a_{ij})$ 的第 i 个行和,即

$$r_i=\sum_{j=1}^{n}a_{ij},i=1,\cdots,n$$

引理 7 如果 $t_1,\cdots,t_n$ 是非负实数,则

$$\left(\frac{1}{n}\sum_{k-1}^{n}t_k\right)^{\sum t_k} \leqslant \prod_{k=1} T_k^{t_k} \tag{21}$$

上式左边指数的求和号指对 k 从 1 到 n 求和并约定 0^0 表示 1.

本引理是函数 $x\log x$ 的凸性的一个直接推论. 因为

$$\left(\frac{1}{n}\sum_{k=1}^{n}t_k\right)\log\left(\frac{1}{n}\sum_{k=1}^{n}t_k\right) \leqslant \frac{1}{n}\sum_{x=1}^{n}t_k\log t_k$$

此式两边乘以 n 后再取指数即得式(21).

引理 8 设 $\boldsymbol{A}=(a_{ij})$ 是有正积和式的 $n\times n(0,$

1)-矩阵,S 是对应于 $\boldsymbol{A}$ 的正对角线的置换的集合. 即 $\sigma\in S$ 当且仅当 $\prod_{i=1}^{n}a_{i\sigma_i}=1$,则有

$$\prod_{i=1}^{n}\prod_{a_{ik}^{k}=1}(\mathrm{per}(\boldsymbol{A}(i\mid k)))^{\mathrm{per}(\boldsymbol{A}(i\mid k))}=$$

$$\prod_{\sigma\in s}\prod_{i=1}^{n}\mathrm{per}(\boldsymbol{A}(i\mid\sigma_i))\tag{22}$$

和

$$\prod_{i=1}^{h}r_i^{\mathrm{per}(\boldsymbol{A})}=\prod_{\sigma\in s}\prod_{i=1}^{n}r_i\tag{23}$$

证明 对于给定的 i 和 k,当 $a_{ik}=1$ 时,式(22)左边因子 $\mathrm{per}(\boldsymbol{A}(i\mid k))$ 的个数是 $\mathrm{per}(\boldsymbol{A}(i\mid k))$,否则是 0. 而式(22)右边因子 $\mathrm{per}(\boldsymbol{A}(i\mid k))$ 的数目等于 S 中满足 $\sigma_i=k$ 的置换 σ 的个数. 该数是 $\mathrm{per}(\boldsymbol{A}(i\mid k))$ 还是 0 由 $a_{ik}=1$ 或 $a_{ik}=0$ 而定.

不难看出,对于给定的 i,式(23)两边因子 r_1 的个数都是 $\mathrm{per}(\boldsymbol{A})$.

定理 22 设 $\boldsymbol{A}=(a_{ij})$ 是行和为 $r_1,\cdots,r_n$ 的 $n\times n(0,1)$-矩阵,则

$$\mathrm{per}(\boldsymbol{A})\leqslant\prod_{i=1}^{n}(r_i!)^{\frac{1}{r_i}}$$

证明(Schrijver) 对 n 用归纳法. 由引理 7 知

$$(\mathrm{per}(\boldsymbol{A}))^{n\mathrm{per}(\boldsymbol{A})}=\prod_{i=1}^{n}(\mathrm{per}(\boldsymbol{A}))^{\mathrm{per}(\boldsymbol{A})}=$$

$$\prod_{i=1}^{n}\left(\sum_{k=1}^{n}a_{ik}\mathrm{per}(\boldsymbol{A}(i\mid k))\right)^{\sum a_{ik}\mathrm{per}(\boldsymbol{A}(i\mid k))}\leqslant$$

$$\prod_{i=1}^{n}\left(r^{i\mathrm{per}(\boldsymbol{A})}\prod_{a_{jk}=1}\mathrm{per}(\boldsymbol{A})(i\mid k)^{\mathrm{per}(\boldsymbol{A}(i\mid k))}\right)$$

进而,由定理 19 知

$$(\mathrm{per}(\boldsymbol{A}))^{n\mathrm{per}(\boldsymbol{A})} \leqslant \prod_{\sigma \in s}((\prod_{i=1}^{n} r_i))(\prod_{i=1}^{n} \mathrm{per}(\boldsymbol{A}(i \mid \sigma_i)))$$

现在对每个 $\boldsymbol{A}(i \mid \sigma_i)$ 应用归纳假设

$$\prod_{i=1}^{n} \mathrm{per}(\boldsymbol{A})(i \mid \sigma_i) \leqslant \prod_{i=1}^{n}(\prod_{\substack{j\neq 1 \\ a_{j\sigma_i}=0}} r_j!^{\frac{1}{r_i}}) \times$$

$$(\prod_{\substack{j\neq 1 \\ a_{j\sigma_i}=1}} (r_j - 1)!^{\frac{1}{(r_j-1)}}) =$$

$$\prod_{j=1}^{n}(\prod_{\substack{i\neq j \\ a_{j\sigma_i}=1}} r_j!^{\frac{1}{r_j}}) \times$$

$$(\prod_{\substack{i\neq j \\ a_{j\sigma_i}=1}} (r_j - 1)!^{\frac{1}{(r_j-1)}}) =$$

$$\prod_{j=1}^{n} r_j!^{\frac{(n-r_j)}{r_j(r_j-1)}}!^{\frac{(r_j-1)}{(r_j-1)}}$$

上面第一个等式成立刚好是交换乘法次序的结果，而第二个等式是由计算因子 $r_j!^{\frac{1}{r_j}}$ 和因子 $(r_j-1)!^{\frac{1}{(r_j-1)}}$ 的个数得到的. 显然，对于固定的 σ 和 j，满足 $i \neq j$ 和 $a_{j\sigma_i}=0$ 的 i 的个数是 $n-r_j$，满足 $i\neq j$ 和 $a_{j\sigma_i}=1$ 的 i 的个数是 r_j-1（因为 $a_{j\sigma_i}=1$），因此

$$(\mathrm{per}(\boldsymbol{A}))^{n\mathrm{per}(\boldsymbol{A})} \leqslant \prod_{\sigma \in s}((\prod_{i=1}^{n} r_i)(\prod_{j=1}^{n} r_j!^{\frac{(n-r_j)}{r_j}} \times$$

$$(r_j-1)!)) = \prod_{\sigma \in s}(\prod_{i=1}^{n} r_j!^{\frac{n}{r_j}}) =$$

$$(\prod_{i=1}^{n} r_i!^{\frac{1}{r_i}})^{n\mathrm{per}(\boldsymbol{A})}$$

从而得出所需结论.

相关矩阵的积和式与特征值

第 3 章

1. 介　　绍

设 $\boldsymbol{A}=(a_{ij})$ 是一个 $n\times n$ 矩阵，则称和式

$$\mathrm{per}(\boldsymbol{A})=\sum_{j_1j_2\cdots j_n}a_{1j_1}a_{2j_2}\cdots a_{nj_n}$$

为 $\boldsymbol{A}$ 的积和式. 一个 $n\times n$ 矩阵 $\boldsymbol{A}$ 称为相关矩阵，如果 $\boldsymbol{A}$ 是主对角元全为 1 的半正定的 Hermite 矩阵. R. Grone 和 R. Merris 在文献[1] 中猜想到，如果 $\boldsymbol{A}=(a_{ij})$ 是一个 $n\times n$ 相关矩阵，$\widetilde{\boldsymbol{A}}=(|a_{ij}|^2)$，那么 $\widetilde{\boldsymbol{A}}$ 的最大特征值 λ 满足 $\lambda\leqslant\mathrm{per}(\boldsymbol{A})$. R. B. Bapat 和 V. S. Sunder 在文献[2] 中猜想，如果 $\boldsymbol{A}=(a_{ij})$ 是一个半正定的 Hermite 矩阵

$$\hat{\boldsymbol{A}}=(a_{ij}\mathrm{per}(\boldsymbol{A})(i,j))$$

这里 $\boldsymbol{A}(i,j)$ 表示由 $\boldsymbol{A}$ 划去第 i 行、第 j 列而得的 $(n-1)\times(n-1)$ 子矩阵,那么 $\mathrm{per}(\boldsymbol{A})$ 是 $\hat{\boldsymbol{A}}$ 的最大特征值. 河南师范大学数学系的焦争鸣教授在 1993 年证明了对于所有元素非负的 $n\times n$ 相关矩阵,这两个猜想是正确的. 下面给出两个结论:

定理 1 设 $\boldsymbol{A}=(a_{ij})$ 是一个 $n\times n$ 的非负相关矩阵,$\widetilde{\boldsymbol{A}}=(a_{ij}^2)$, 则有 $\widetilde{\boldsymbol{A}}$ 的最大特征值 λ 满足 $\lambda\leqslant\mathrm{per}(\boldsymbol{A})$.

定理 2 设 $\boldsymbol{A}=(a_{ij})$ 是一个 $n\times n$ 的非负相关矩阵,$\widetilde{\boldsymbol{A}}=(a_{ij}\mathrm{per}(\boldsymbol{A})(i,j))$,则有 $\mathrm{per}(\boldsymbol{A})$ 为 $\hat{\boldsymbol{A}}$ 的最大特征值.

2. 引 理

引理 1[3] 设 $\boldsymbol{A},\boldsymbol{B}$ 是 $n\times n$ 的 Hermite 矩阵,如果 $\boldsymbol{A}-\boldsymbol{B}$ 为半正定的 Hermite 矩阵,则有

$$\lambda_i(\boldsymbol{A})\geqslant\lambda_i(\boldsymbol{B}),i=1,2,\cdots,n$$

这里 $\lambda_i(\boldsymbol{A})$ 和 $\lambda_i(\boldsymbol{B})(i=1,2,\cdots,n)$ 分别是 $\boldsymbol{A}$ 和 $\boldsymbol{B}$ 的 n 个特征值,满足

$$\lambda_1(\boldsymbol{A})\geqslant\lambda_2(\boldsymbol{A})\geqslant\cdots\geqslant\lambda_n(\boldsymbol{A})$$

$$\lambda_1(\boldsymbol{B})\geqslant\lambda_2(\boldsymbol{B})\geqslant\cdots\geqslant\lambda_n(\boldsymbol{B})$$

引理 2(Gerŝgorin's 定理)[4,p. 146] 如果 $\boldsymbol{A}$ 是任意的复矩阵,设

$$D_i(\boldsymbol{A})=\{z\in\mathbf{C}:|z-a_{ii}|\leqslant\sum_{\substack{j\neq i\\ j=1}}^{n}|a_{ij}|\}$$

则 $\boldsymbol{A}$ 的每一个特征值均位于区域 $\bigcup\limits_{i=1}^{n}D_i(\boldsymbol{A})$ 中.

引理 3[4, p. 46]　设 $\boldsymbol{A}$ 为任一复矩阵，λ 为 $\boldsymbol{A}$ 的任一特征值，且 $R(\boldsymbol{A})=\max_{i}\sum_{j=1}^{n}|a_{ij}|$，那么 $|\lambda|\leqslant R(\boldsymbol{A})$.

引理 4　设 $\boldsymbol{A}=(a_{ij})$ 是一个 $n\times n$ 的 Hermite 矩阵，如果 $a_{ii}\geqslant\sum_{\substack{j\neq i\\ j=1}}^{n}|a_{ij}|$ $(i=1,2,\cdots,n)$，那么 $\boldsymbol{A}$ 是半正定的 Hermite 矩阵.

证明　由假设我们有

$$a_{ii}\geqslant 0 \text{ 和 } a_{ii}-\sum_{\substack{j\neq i\\ j=1}}^{n}|a_{ij}|\geqslant 0, i=1,2,\cdots,n$$

于是每一个 Gerŝgorin's 圆 $D_i(\boldsymbol{A})$ 位于右半复平面，从而 $\bigcup_{i=1}^{n}D_i(\boldsymbol{A})$ 也是如此. 由引理 2 知，$\boldsymbol{A}$ 的每一特征值均位于右半复平面. 另一方面，由于 Hermite 矩阵的特征值全为实数，从而得 $\boldsymbol{A}$ 为一个半正定的 Hermite 矩阵.

3. 定理的证明

有了上面的引理，现给出定理的证明.

定理 1 的证明　因为 $\boldsymbol{A}$ 是一个非负相关矩阵，又由引理 1 知，只要证明矩阵 $\mathrm{per}(\boldsymbol{A})\boldsymbol{I}-\widetilde{\boldsymbol{A}}$ 是半正定的即可. 对于非负相关矩阵 $\boldsymbol{A}$，我们有

$$\mathrm{per}(\boldsymbol{A})\geqslant 1+\sum_{1\leqslant i<j\leqslant n}a_{ij}^{2}$$

即

$$\mathrm{per}(\boldsymbol{A})-1\geqslant\sum_{1\leqslant i<j\leqslant n}a_{ij}^{2}\geqslant\sum_{\substack{j\neq i\\ j=1}}^{n}a_{ij}^{2}, i=1,2,\cdots,n$$

再由引理4便知 $\operatorname{per}(\boldsymbol{A})\boldsymbol{I}-\widetilde{\boldsymbol{A}}$ 是半正定的.

定理2的证明 设向量 $\boldsymbol{e}=(1,1,\cdots,1)^{\mathrm{T}}$,我们有 $\hat{\boldsymbol{A}}\boldsymbol{e}=\operatorname{per}(\boldsymbol{A})\boldsymbol{e}$,因此可得 $\operatorname{per}(\boldsymbol{A})$ 是 $\hat{\boldsymbol{A}}$ 的一个特征值,从而有 $\hat{\boldsymbol{A}}$ 的最大特征值不小于 $\operatorname{per}(\boldsymbol{A})$.

另外,由于

$$R(\hat{\boldsymbol{A}})=\max_{i}\sum_{j=a}^{n}a_{ij}\operatorname{per}(\boldsymbol{A})(i,j)=\operatorname{per}(\boldsymbol{A})$$

由引理3知,$|\lambda|\leqslant\operatorname{per}(\boldsymbol{A})$. 这里 λ 为 $\hat{\boldsymbol{A}}$ 的任一特征值. 又由于 $\hat{\boldsymbol{A}}$ 是对称的,故 $\hat{\boldsymbol{A}}$ 的特征值全为实数,这便说明 $\operatorname{per}(\boldsymbol{A})$ 即为 $\hat{\boldsymbol{A}}$ 的最大特征值.

对任一半正定的 Hermite 矩阵 $\boldsymbol{A}=(a_{ij})$ 有 $\boldsymbol{A}=\boldsymbol{D}^{*}\boldsymbol{A}_0\boldsymbol{D}$,其中 $\boldsymbol{A}_0=(a_{ij}/\sqrt{a_{ii}a_{jj}})$ 为一相关矩阵,$\boldsymbol{D}=\operatorname{diag}(\sqrt{a_{11}},\sqrt{a_{22}},\cdots,\sqrt{a_{nn}})$ 为一对角矩阵,从而有

$$\hat{\boldsymbol{A}}=\widehat{\boldsymbol{D}^{*}\boldsymbol{A}_0\boldsymbol{D}}=\prod_{i=1}^{n}a_{ii}\hat{\boldsymbol{A}}_0$$

$$\operatorname{per}(\boldsymbol{A})=\prod_{i=1}^{n}a_{ii}\operatorname{per}(\boldsymbol{A}_0)$$

注意到 $\hat{\boldsymbol{A}}$ 的最大特征值为 $\hat{\boldsymbol{A}}_0$ 的最大特征值与 $\prod_{i=1}^{n}a_{ij}$ 的乘积,便有:

推论1 若 $\boldsymbol{A}$ 是一个非负半正定的 Hermite 矩阵,$\hat{\boldsymbol{A}}=(a_{ij}\operatorname{per}(\boldsymbol{A})(i,j))$,那么 $\operatorname{per}(\boldsymbol{A})$ 就是 $\hat{\boldsymbol{A}}$ 的最大特征值.

参考文献

[1] GRONE R, MERRIS R. Conjcctures on Permanents[J]. Lincar and Multilincar Algebra, 1987,21:419-427.

[2] BAPAT R B, SUNDER V S. An Extrcmal Property of the permanent

and the Determinant[J]. Lincar Algebra Appl., 1986,76:153-165.

[3] WATKINS W. A Determinantal Inequality for Correlation Matrices[J]. Lincar Algebra Appl., 1988,104:59-63.

[4] MARCUS M, MINC H. A sruvey of Matrix Theory and Matrix Inequalits[J]. Prindle, Weber and Schmidt, 1964:146.

第4章 最大公因数矩阵的积和式

1. 引　　言

设 $S=\{x_1,x_2,\cdots,x_n\}$ 是一个含有 n 个不同正整数的集合，$S_{ij}=(x_i,x_j)$ 是 x_i 和 x_j 的最大公因数，n 阶矩阵 $\boldsymbol{S}=(S_{ij})$ 称为定义在 S 上的最大公因数矩阵（简称 GCD 矩阵）. 如果 S 中任一元的正因数都在 S 中，则称集 S 是因数封闭的；如果 S 中任何两个数的最大公因数仍在 S 中，则称 S 是最大公因数封闭的. 由于 S 中的元素的次序不影响 $\mathrm{per}(\boldsymbol{S})$ 的值，因此下面总设 S 中的元素是由小到大排列的. 容易看出每个正整数集都包含在一个因数封闭集中和一个最大公因数封闭集中. 对于 $S=\{x_1,x_2,\cdots,x_n\}$，记 $F_i=\{d:d$ 是正整数，$d\mid x_i$，但 $d\nmid x_l, x_l<x_i\}$，则 $\bar{S}=F_1\cup F_2\cup\cdots\cup F_n$ 是包含 S 的最小的因数封闭集.

最大公因数矩阵的研究源于文献[1],它证明了当 S 是因数封闭集时,$\det(S)=\prod_{i=1}^{n}\varphi(x_i)$,这里 φ 是欧拉数论函数. 文献[2] 证明了上述结论的逆,即当 $\det(S)=\prod_{i=1}^{n}\varphi(x_i)$ 时,S 是因数封闭集. 文献[3][4]更详细地讨论了最大公因数矩阵的性质,得到了当 S 是最大公因数封闭集时,$\det(S)=\prod_{i=1}^{n}\sum_{d\in F_i}\varphi(d)$. 文献[5] 证明了上述结论的逆,即当 $\det(S)=\prod_{i=1}^{n}\sum_{d\in F_i}\varphi(d)$ 时,S 是最大公因数封闭集. 文献[6][7] 把 GCD 矩阵推广到了半格和偏序集上.

湖南工业大学的阳春乔教授在 1999 年考虑了 GCD 矩阵的积和式,得到了因数封闭集上的 GCD 矩阵的积和式公式,给出了 GCD 矩阵的积和式的一个下界,并得到了达到下界时集 S 的刻画,最后给出 GCD 矩阵的积和式的一个上界.

2. 结果与证明

在叙述结果之前,我们先给出有关积和式的概念和记号.

给定一个 n 阶矩阵 $\boldsymbol{A}=(a_{ij})$,$\boldsymbol{A}$ 的积和式 $\operatorname{per}(\boldsymbol{A})$ 定义为

$$\operatorname{per}(\boldsymbol{A})=\sum_{\delta\in S_n}a_{1\sigma}(1)a_{2\sigma}(2)\cdots a_{n\sigma}(n)$$

其中 S_n 是 n 阶置换群. 矩阵的积和式是行列式的推广,但积和式的计算比行列式的计算要复杂得多.

为了计算积和式，下列记号是有用的. 对于正整数 m,n，记

$$Gm,n = \{\alpha = (a_1, a_2, \cdots, a_m) \mid a_i \in \{1,2,\cdots,n\},\ a_1 \leqslant a_2 \leqslant \cdots \leqslant a_m\}$$

对于 $\alpha \in Gm,n$，$m_t(\alpha)$ 表示 t 出现在 α 中的次数，$t = 1,2,\cdots,n$，$\mu(\alpha) = \prod_{t=1}^{n} m_t(\alpha)!$. 注意到 Gm,n 共有 $\binom{n+m-1}{m}$ 个元素，假设 Gm,n 按字典顺序排序. 设 $\boldsymbol{A}$ 是一个 $m \times n$ 矩阵，定义一个 $\binom{n+m-1}{m}$ 阶的行向量 $\hat{\boldsymbol{A}}$ 如下：设 Gm,n 的第 i 个元素为 α，令 $\boldsymbol{A}(\alpha)$ 为由列指标属于 α 而形成的矩阵，$\hat{\boldsymbol{A}}$ 的第 i 个元素是 $\dfrac{\mathrm{per}(\boldsymbol{A}(\alpha))}{\sqrt{\mu(\alpha)}}$. 利用积和式的 Cauchy-Binet 公式有：

引理 1　设 $\boldsymbol{A}$ 和 $\boldsymbol{B}$ 是 $m \times n$ 阶矩阵，则 $\mathrm{per}(\boldsymbol{A}\boldsymbol{B}^{\mathrm{T}}) = \hat{\boldsymbol{A}}\hat{\boldsymbol{B}}^{\mathrm{T}}$，其中 $\boldsymbol{B}^{\mathrm{T}}$ 表示 $\boldsymbol{B}$ 的转置矩阵.

定理 1[3]　设 $S = \{x_1, x_2, \cdots, x_n\}$ 是一个含 n 个不同正整数的集合，$T = \{y_1, y_2, \cdots, y_m\}$ 是包含 S 的因数封闭集，令 $\boldsymbol{B} = (b_{ij})$，其中

$$b_{ij} = \begin{cases} \sqrt{\varphi(y_i)}, & y_i \mid x_i \\ 0, & 其他 \end{cases}$$

则 $(S) = \boldsymbol{B}\boldsymbol{B}^{\mathrm{T}}$.

推论 1　设 S 是因数封闭集，则 $\mathrm{per}(\boldsymbol{S}) = \hat{\boldsymbol{A}}\hat{\boldsymbol{A}}^{\mathrm{T}}$，其中 $\boldsymbol{A} = (a_{ij})$ 是 n 阶下三角形矩阵

$$a_{ij} = \begin{cases} \sqrt{\varphi(x_i)}, & x_j \mid x_i \\ 0, & 其他 \end{cases}$$

证明　当 S 是因数封闭集时，在定理 1 中，取 $T =$

S,则 $\boldsymbol{B}=\boldsymbol{A}$ 是下三角矩阵,由定理 1 和引理 1 即知 $\mathrm{per}(\boldsymbol{S})=\hat{\boldsymbol{A}}\hat{\boldsymbol{A}}^{\mathrm{T}}$.

例 1 $S=\{1,2,3,6\}$

$$\boldsymbol{S}=\begin{pmatrix}1&1&1&1\\1&2&1&2\\1&1&3&3\\1&2&3&6\end{pmatrix}$$

$$\boldsymbol{A}=\begin{pmatrix}1&0&0&0\\1&1&0&0\\1&0&\sqrt{2}&0\\1&1&\sqrt{2}&\sqrt{2}\end{pmatrix}$$

$$\det(\boldsymbol{S})=\varphi(1)\varphi(2)\varphi(3)\varphi(6)=1\times1\times2\times2=4$$

$$\mathrm{per}(\boldsymbol{S})=192$$

对于一般的正整数集 S,如何计算 $\mathrm{per}(\boldsymbol{S})$ 是一个比较复杂的问题,下面将给出 $\mathrm{per}(\boldsymbol{S})$ 的一个下界,并给出 $\mathrm{per}(\boldsymbol{S})$ 达到下界时 S 的刻画. 为此,我们需要下列定理,它是由 Bapat 证明的.

定理 2[8] 设 $\boldsymbol{C}$ 和 $\boldsymbol{D}$ 是 n 阶实对称矩阵,如果 $\boldsymbol{C}$ 正定,且 $\boldsymbol{D}$ 是半正定的,则

$$\mathrm{per}(\boldsymbol{C}+\boldsymbol{D})\geqslant\mathrm{per}(\boldsymbol{C})+\mathrm{per}(\boldsymbol{D})$$

进一步,当 $n\geqslant3$ 时,当且仅当 $\boldsymbol{D}=\boldsymbol{0}$ 时等号成立.

定理 3 设 $S=\{x_1,x_2,\cdots,x_n\}$ 是含 n 个不同正整数的集合,$\boldsymbol{A}=(a_{ij})$ 是 n 阶下三角形矩阵,$a_{ij}=\begin{cases}\sqrt{\varphi(x_i)},x_j\mid x_i\\0,其他\end{cases}$,则

$$\mathrm{per}(\boldsymbol{S})\geqslant\hat{\boldsymbol{A}}\hat{\boldsymbol{A}}^{\mathrm{T}}$$

当且仅当 S 是因数封闭集时等号成立.

证明　设 $T=\{y_1,y_2,\cdots,y_m\}$ 是包含 S 的因数封闭集，$y_i=x_i,1\leqslant i\leqslant n$，则

$$b_{ij}=\begin{cases}\sqrt{\varphi(y_i)}, & y_i\mid x_i\\ 0, & 其他\end{cases}$$

$\boldsymbol{B}=(b_{ij})$ 是 $n\times m$ 阶矩阵，由定理 1 知，$\boldsymbol{S}=\boldsymbol{B}\boldsymbol{B}^{\mathrm{T}}$. 现在剖分 $\boldsymbol{B}=(\boldsymbol{A}\mid\boldsymbol{B}_2)$，其中 $\boldsymbol{A}$ 是 n 阶下三角形矩阵，$\boldsymbol{B}_2$ 是 $n\times(m-n)$ 阶矩阵，令

$$\boldsymbol{C}=\boldsymbol{A}\boldsymbol{A}^{\mathrm{T}},\boldsymbol{D}=\boldsymbol{B}_2\boldsymbol{B}_2^{\mathrm{T}}$$

则

$$\boldsymbol{S}=\boldsymbol{B}\boldsymbol{B}^{\mathrm{T}}=(\boldsymbol{A}\mid\boldsymbol{B}_2)(\boldsymbol{A}\mid\boldsymbol{B}_2)^{\mathrm{T}}=\boldsymbol{A}\boldsymbol{A}^{\mathrm{T}}+\boldsymbol{B}_2\boldsymbol{B}_2^{\mathrm{T}}=\boldsymbol{C}+\boldsymbol{D}$$

由于 $\boldsymbol{A}$ 是下三角形矩阵，且 $\boldsymbol{A}$ 的主对角线上的元大于 0(因为 $\varphi(x_i)>0$)，故 $\boldsymbol{C}$ 正定，显然 $\boldsymbol{D}$ 半正定. 而

$$\mathrm{per}(\boldsymbol{C})=\mathrm{per}(\boldsymbol{A}\boldsymbol{A}^{\mathrm{T}})=\hat{\boldsymbol{A}}\hat{\boldsymbol{A}}^{\mathrm{T}}$$

利用定理 5 我们有

$$\mathrm{per}(\boldsymbol{S})\geqslant\mathrm{per}(\boldsymbol{C})+\mathrm{per}(\boldsymbol{D})\geqslant\mathrm{per}(\boldsymbol{C})=\hat{\boldsymbol{A}}\hat{\boldsymbol{A}}^{\mathrm{T}}$$

当且仅当 $\boldsymbol{D}=\boldsymbol{0}$ 时等式成立. 当且仅当 $\boldsymbol{B}_2=\boldsymbol{0}$，$T\backslash S$ 不包含 S 中的任一数的因数时 S 是因数封闭集.

上面我们给出了 $\mathrm{per}(\boldsymbol{S})$ 的一个下界，下面我们给出 $\mathrm{per}(\boldsymbol{S})$ 的一个上界，为此，先引进下列引理：

引理 2[9]　设 $\boldsymbol{A}=(a_{ij})$ 是一个 n 阶半正定的矩阵，则

$$na_{ii}\mathrm{per}(\boldsymbol{A}(i))\geqslant\mathrm{per}(\boldsymbol{A})\geqslant a_{ii}\mathrm{per}(\boldsymbol{A}(i))$$

其中 $\boldsymbol{A}(i)$ 表示划去 $\boldsymbol{A}$ 的第 i 行和第 i 列而得到的 $n-1$ 阶矩阵.

定理 4　设 $S=\{x_1,x_2,\cdots,x_n\}$，$n\geqslant 2$，则

$$\mathrm{per}(\boldsymbol{S})\leqslant n!\prod_{i=1}^{n}x_i-\frac{n!}{2}$$

证明　我们利用数学归纳法来证明，当 $n=2$ 时

$$\operatorname{per}(\boldsymbol{S})=x_1x_2+(x_1,x_2)^2\leqslant 2x_1x_2-1=$$
$$2!\prod_{i=1}^{2}x_i-\frac{2!}{2}$$

假设结论对 $n=k-1$ 时成立；当 $n=k$ 时，由引理 2 和归纳假设有

$$\operatorname{per}(\boldsymbol{S})\leqslant kx_k\operatorname{per}(\boldsymbol{S}_{k-1})\leqslant$$
$$kx_k\left((k-1)!\prod_{i=1}^{k-1}x_i-\frac{(k-1)!}{2}\right)=$$
$$k!\prod_{i=1}^{k}x_i-\frac{k!}{2}x_k\leqslant$$
$$k!\prod_{i=1}^{k}x_i-\frac{k!}{2}$$

其中 $\boldsymbol{S}_{k-1}$ 是定义集 $\{x_1,x_2,\cdots,x_{k-1}\}$ 上的最大公因数矩阵，从而结论成立.

参考文献

[1] SMITH H J S. On the Value of a certain arithmetical determinant[J]. Proc. london. Math. soc., 1975(7):208-212.

[2] LIZ. The determinants of GCD matrices[J]. Linear Algebra Appl., 1990(134):137-143.

[3] BESLIN S, LIGH S. Greatest common divisor matrices[J]. Linear Algebra Appl., 1989 (118):69-76.

[4] BOURQUE K, LIGH S. On GCD and LCM matrices[J]. Linear Algebra Appl., 1992 (174): 65-74.

[5] 侯耀平. 最大公因数矩阵的行列式[J]. 数学研究,1996,29(3): 74-77.

[6] BAJARAMA B V. On greatest common divisor matrices and their application[J]. Linear Algebra Appl., 1991(158):77-99.

[7] HOUKKANEN P. On Meet Matrcces On Posets[J]. Linear Algebra Appl., 1996(249): 111-123.

[8] BAPAT R. On Permanent of Positive Semidefinite matrices[J]. Linear Algebra Appl., 1985 (65): 83-90.

[9] MARCWS M. The Hadamard Theorem for permanents[J]. proc. Amer. Math, 1964(15):967- 973.

具有小积和式的(0,1) - 矩阵是 t - 三角形的充要条件

第5章

1. 介　　绍

设 $\boldsymbol{A}=(a_{ij})_{n\times n}$，定义 $\boldsymbol{A}$ 的积和式

$$\operatorname{per}(\boldsymbol{A})=\sum_{\sigma}a_{1\sigma(1)}a_{2\sigma(2)}\cdots a_{n\sigma(n)}$$

这里的 $\sum$ 是取遍 $\{1,2,\cdots,n\}$ 的所有置换 σ；去掉 $\boldsymbol{A}$ 的第 i 行、第 j 列得到的 $(n-1)\times(n-1)$ 矩阵，记作 $\boldsymbol{A}(i\mid j)$，去掉两行两列也类似地记.[1] 我们称 $\operatorname{per}(\boldsymbol{A}(i\mid j))$ 为积和式的主子式. 由[2]知 $n\times n$ 矩阵 $\boldsymbol{A}$ 叫作完全不可分解矩阵，假如 $\boldsymbol{A}$ 中不存在 $r\times s$ 的零子矩阵，这里 $r+s=n$；否则 $\boldsymbol{A}$ 就称为部分可分解矩阵. 由[2]中的 Frobenius-Kŏnig 定理知，非负矩阵完全不可分的充要条件是其所有的

$$\mathrm{per}(\boldsymbol{A}(i\mid j))>0, i,j\in\langle n\rangle=\{1,2,\cdots,n\}$$

如果$\boldsymbol{A}$是具有小积和式的(0,1)-矩阵,$\boldsymbol{A}$中零子矩阵的存在与分布情况是令人感兴趣的. 关于这方面的研究结果有:

Frobenius-Kǒnig-Hall **定理**[2] 若$\boldsymbol{A}$是$n\times n$(0,1)-矩阵,则$\mathrm{per}(\boldsymbol{A})=0$的充要条件是$\boldsymbol{A}$有一个$r\times s$零子矩阵,$r+s=n+1$.

R. A. Brualdi 关于这个问题在[3]中得到:对任意的(0,1)-方阵$\boldsymbol{A}$,若$\mathrm{per}(\boldsymbol{A})=1$,则存在置换阵$\boldsymbol{P},\boldsymbol{Q}$,使得$\boldsymbol{PAQ}$是下三角形矩阵,所有的1在主对角线上. 1997年J. L. Goldwasser在[1]中推广了该结论,提出:若$\boldsymbol{A}$是非负整数方阵,$0<\mathrm{per}(\boldsymbol{A})<(t+1)!$,则$\boldsymbol{A}$是$t$-三角形矩阵. 但他只证明了该结论在$t=2,3$时成立,$t=6$时不成立,并且举出反例说明该命题的充分性不成立.

广东第二师范学院的孙丽英教授在1999年证明了当矩阵$\boldsymbol{A}$是某些特殊的非负整数方阵时,充分性是成立的,从而完善了文献[1]的内容.

定义 1[2] 设$\boldsymbol{A}=[a_{ij}]\in f^{n\times n}$,称式子$\sum\limits_{\sigma}a_{1\sigma(1)}a_{2\sigma(2)}\cdots a_{n\sigma(n)}$为矩阵$\boldsymbol{A}$的积和式,记为$\mathrm{per}(\boldsymbol{A})$. 这里$\sum\limits_{\sigma}$是对$\langle n\rangle$到$\langle n\rangle$的一切单射求和. 用$\boldsymbol{A}(i\mid j)$表示在$\boldsymbol{A}$中去掉第$i$行与第$j$列后得到的$(n-1)\times(n-1)$矩阵. 易知

$$\mathrm{per}(\boldsymbol{A})=\sum_{j=1}^{n}a_{ij}\mathrm{per}(\boldsymbol{A}(i\mid j)), i\in\langle n\rangle$$

定义 2[2] 设n阶置换

$$\sigma=\begin{pmatrix}1 & 2 & \cdots & n\\ \sigma(1) & \sigma(2) & \cdots & \sigma(n)\end{pmatrix}$$

σ 对应的 n 阶矩阵 $\boldsymbol{A}=[a_{ij}]$ 定义如下

$$a_{ij}=\begin{cases}1, j=\sigma(i)\\0, j\neq\sigma(i)\end{cases}, i\in\langle n\rangle$$

称 $\boldsymbol{A}$ 为与 σ 对应的 n 阶置换矩阵.

引理 1[3] 设 $\boldsymbol{A}$ 是 $n\times n$ 的 $(0,1)$ - 矩阵, $\mathrm{per}(\boldsymbol{A})=1$, 则存在置换矩阵 $\boldsymbol{P},\boldsymbol{Q}$, 使得 $\boldsymbol{B}=\boldsymbol{PAQ}$ 是下三角形矩阵, 主对角线上全是 1.

引理 2[1] 设 $\boldsymbol{A}$ 是非负整数方阵, $0<\mathrm{per}(\boldsymbol{A})<(t+1)!$, 则 $\boldsymbol{A}$ 是 t - 三角形矩阵, $t=2,3$.

本章在上述引理的基础上, 主要证明下面的命题:

命题 1 设 $\boldsymbol{A}$ 是某些特殊非负整数方阵, 则 $0<\mathrm{per}(\boldsymbol{A})<(t+1)!$ 当且仅当 $\boldsymbol{A}$ 是 t - 三角形矩阵, 这里 $t=2,3$.

2. 主要结果

为简化以下证明过程, 我们首先有下面的定理.

定理 1 命题"设 $\boldsymbol{A}$ 是某些特殊非负整数方阵, 则 $0<\mathrm{per}(\boldsymbol{A})<(t+1)!$ 当且仅当 $\boldsymbol{A}$ 是 t - 三角形矩阵"等价于命题"对同一个 t, $\boldsymbol{B}$ 是某些特殊 $(0,1)$ - 方阵, 则 $0<\mathrm{per}(\boldsymbol{B})<(t+1)!$ 当且仅当 $\boldsymbol{B}$ 是 t - 三角形矩阵".

证明 充分性: 显然成立. (因为 $\boldsymbol{B}$ 是 $(0,1)$ - 矩阵, 可看作非负整数方阵).

必要性: 设 $\boldsymbol{A}$ 是任意非负整数方阵, 且满足 $0<\mathrm{per}(\boldsymbol{A})<(t+1)!$. 通过置换矩阵, 可将 $\boldsymbol{A}$ 中所有的 0 保持位置不变, 那些非 0 的元变为 1, 这样得到的矩阵记为 $\boldsymbol{B}$, 显然有 $\mathrm{per}(\boldsymbol{B})<\mathrm{per}(\boldsymbol{A})$, 这样由条件可知, $\boldsymbol{B}$

是 t - 三角形矩阵,但 $\boldsymbol{B}$ 是由 $\boldsymbol{A}$ 得来的,因而 $\boldsymbol{A}$ 也是 t - 三角形矩阵.

这个定理说明,对某个固定的 t 值,结论对于任意的非负整数方阵成立,当且仅当它对任意的(0,1) - 矩阵也成立,这样我们就可把问题转化为对(0,1) - 矩阵的证明,就变得简单了. 另外,结论对 $t=1$ 时显然是成立的. 事实上:

定理 2 设 $\boldsymbol{A}$ 是非负整数方阵,则 $0<\mathrm{per}(\boldsymbol{A})<2$ 当且仅当 $\boldsymbol{A}$ 是 1 - 三角形矩阵.

证明 充分性:设 $0<\mathrm{per}(\boldsymbol{A})<2$,则 $\mathrm{per}(\boldsymbol{A})=1$,由引理 1 可知,存在置换矩阵 $\boldsymbol{P},\boldsymbol{Q}$,使得 $\boldsymbol{PAQ}=\boldsymbol{B}$ 是下三角形矩阵,主对角线上全是 1,这样的 $\boldsymbol{B}$ 当然是 1 - 三角形矩阵.

必要性:设 $\boldsymbol{A}$ 是 1 - 三角形矩阵,易知 $\boldsymbol{A}$ 是下三角形矩阵,且 $\mathrm{per}(\boldsymbol{A})=1$,即 $0<\mathrm{per}(\boldsymbol{A})<2$ 成立. 证毕.

定理 3 设 $\boldsymbol{A}$ 是 $n\times n$ 的(0,1) - 矩阵,满足:

(1) $a_{ij}=0, j\geqslant i+2, j<i$.

(2) $a_{ii}=a_{ii+1}=1, i=1,2,\cdots,n-1$.

(3) $a_{nk}=1, 1\leqslant k\leqslant 4; a_{nj}=0, j=k+1,\cdots,n-1; a_{nn}=1$.

则 $0<\mathrm{per}(\boldsymbol{A})<(2+1)!$ 当且仅当 $\boldsymbol{A}$ 是 2 - 三角形矩阵.

证明 首先用数学归纳法证明满足条件(1)(2)(3)的矩阵 $\boldsymbol{A}$,其 $\mathrm{per}(\boldsymbol{A})\in(0,6)$.

当 $n=1,2,3$ 时,显然有 $\mathrm{per}(\boldsymbol{A})\in(0,6)$.

假设当 $\boldsymbol{A}$ 的阶数是 $n-1$ 时,$\mathrm{per}(\boldsymbol{A})\in(0,6)$. 下证当 $\boldsymbol{A}$ 的阶数是 n 时仍有 $\mathrm{per}(\boldsymbol{A})\in(0,6)$,分四种情况:

(a) $k=1$,由定义 1 及归纳假设可知

$$\operatorname{per}(\boldsymbol{A})=\operatorname{per}\begin{pmatrix}1&1&0&\cdots&0&0\\0&1&1&\cdots&0&0\\\vdots&\vdots&\vdots&&\vdots&\vdots\\0&0&0&\cdots&0&1\end{pmatrix}_{(n-1)\times(n-1)}+$$

$$\operatorname{per}\begin{pmatrix}1&0&0&\cdots&0&0\\1&1&0&\cdots&0&0\\0&1&1&\cdots&0&0\\\vdots&\vdots&\vdots&&\vdots&\vdots\\0&0&0&\cdots&1&1\end{pmatrix}_{(n-1)\times(n-1)}=$$

$$2\in(0,6)$$

同理:

(b) $k=2$ 时,$\operatorname{per}(\boldsymbol{A})=3\in(0,6)$.

(c) $k=3$ 时,$\operatorname{per}(\boldsymbol{A})=4\in(0,6)$.

(d) $k=4$ 时,$\operatorname{per}(\boldsymbol{A})=5\in(0,6)$.

由以上证明过程及引理2 可知:$\boldsymbol{A}$ 是2 - 三角形矩阵,反之,若$\boldsymbol{A}$ 是满足条件(1)(2)(3) 的2 - 三角形矩阵,显然其 $\operatorname{per}(\boldsymbol{A})\in(0,6)$.

定理 4 设 $\boldsymbol{A}$ 是 $n\times n$ 的(0,1) - 矩阵,满足:

(1) $a_{ij}=0,j\geqslant i+2,j<i$.

(2) $a_{ii}=a_{ii+1}=1;a_{ik}=1,1\leqslant k\leqslant 4;a_{ih}=0,h=k+1,\cdots,i-1$;且 $i=1,2,\cdots,n-1$.

(3) $a_{nj}=0,j=1,2,\cdots,n-1;a_{nn}=1$.

则 $\operatorname{per}(\boldsymbol{A})\in(0,6)\Leftrightarrow\boldsymbol{A}$ 是2 - 三角形矩阵.

定理4 是定理3 的推广,同理可证,证明过程略.

定理 5 设 $\boldsymbol{A}$ 是 $n\times n$ 的(0,1) - 矩阵,满足:

(1) $a_{ij}=0,j\geqslant i+2,j<i$.

(2) $a_{ii}=a_{ii+1}=a_{ii+2}=1,i=1,2,\cdots,n-2$.

(3) $a_{k,n-1}=a_{kn}=1$；$a_{kh}=0$，$k=n-1,n$ 且 $h=1,2,\cdots,n-2$.

则 $\mathrm{per}(\boldsymbol{A})\in(0,1)\Leftrightarrow\boldsymbol{A}$ 是 3 - 三角形矩阵.

由引理 2 及定义 1 立即可知结论成立，证明过程略.

从上述定理及其证明过程中，还可得出：

推论 1 设 n 是任意正整数，任取 $k\in(0,n)$，则总存在 $n\times n$ 的 (0,1) - 矩阵 $\boldsymbol{A}$，使得 $\mathrm{per}(\boldsymbol{A})=k$. 矩阵 $\boldsymbol{A}$ 的分布情况是

$$\boldsymbol{A}=\begin{pmatrix}1&1&0&0&\cdots&0&0&\cdots&0\\0&1&1&0&\cdots&0&0&\cdots&0\\0&0&1&1&\cdots&0&0&\cdots&0\\\vdots&\vdots&\vdots&\vdots&&\vdots&\vdots&&\vdots\\1&\underbrace{1&1&1&\cdots&1}_{k-1\text{个}1\text{相邻}}&0&\cdots&1\end{pmatrix}_{n\times n}$$

验证易知结论成立.

参考文献

[1] GOLDWASSER J L. Triangular Blocks of Zeros in (0,1) Matrices with Small Permanents[J]. Linear Algebra Appl., 1997,252: 367-374.

[2] 张谋成，黎稳. 非负矩阵论[M]. 广州：广东高等教育出版社，1995.

[3] BRUALDI R A. Permanent of the Direct Product of Matrics[J]. Pacific J. Math., 1966,16:471-482.

一类部分可分非负矩阵积和式的上界

第6章

1. 引　　言

非负矩阵是指元素为非负实数的矩阵，与计算数学、经济数学、概率论、物理、化学等学科有着密切的联系. 它是20世纪中叶蓬勃发展起来的新的数学分支，时至今日仍然保持着向上发展的趋势，成为线性代数中甚为活跃的研究领域之一. 近年来，人们发现非负矩阵有着许多优美的组合性质，并将组合论的思想和论证方法用于矩阵的精密分析及揭示矩阵的内在组合性质. 广东第二师范学院数学系的孙丽英教授在2001年研究了非负矩阵的组合性质之一——积和式.

设 $\boldsymbol{A}=(a_{ij})$ 是 $n\times n$ 矩阵,$\boldsymbol{A}$ 的积和式记作

$$\operatorname{per}(\boldsymbol{A})=\sum_{\sigma}a_{1\sigma(1)}a_{2\sigma(2)}\cdots a_{n\sigma(n)}$$

这里 $\sum$ 是对 $1,2,\cdots,n$ 的所有置换求和. 由此可以看出:积和式有着深刻的组合意义,对 n 阶 $(0,1)$ - 方阵 $\boldsymbol{A}$ 而言,$\operatorname{per}(\boldsymbol{A})$ 其实就是具有某一约束条件的 n 个元的排列的个数;另外还可以看出:n 阶矩阵 $\boldsymbol{A}$ 的积和式和行列式这两个概念在结构上非常相似,都是 $n!$ 个乘积项的和,且每项均是 $\boldsymbol{A}$ 中不同行不同列的 n 个元素的积. 但行列式必须考虑每一项前面的符号,而积和式每一项前面都取正号. 它们的许多性质相似,也存在一些不同的性质. 例如,交换积和式的两行(列) 积和式值不变号. 如果积和式中有两行(列) 相同,这个积和式不一定为零. 这样在行列式中的一个重要性质:"行列式的某行(列) 的若干倍加到另一行(列) 上去后,行列式性质不改变",在积和式中不存在. 正是由于这些不同于行列式的性质,使得人们的借助了行列式的完整理论和可行方法,将积和式转化成行列式的想法无法实现.

由于对积的式的研究比行列式复杂得多,并且无法得到像行列式那样简便的计算方法和公式,所以人们把目光转向了对积和式上、下界的估计. 最近,Suk-Geun Hwang 等人在文献[1] 中得到如下结论:

定理 1[1] 设 $\boldsymbol{A}$ 是完全不可分的 n 阶非负实矩阵,行和为 $r_1,r_2,\cdots,r_n(n\geqslant 2)$,$s_i$ 是第 i 行中的最小正元素$(i=1,2,\cdots,n)$,并且 $r_i-s_i\geqslant s_i$,则 $\boldsymbol{A}$ 的积和式满足

$$\operatorname{per}(\boldsymbol{A})\leqslant\prod_{i=1}^{n}s_i+\prod_{i=1}^{n}(r_i-s_i)$$

特别地[2]，若 $\boldsymbol{A}$ 是完全不可分非负整数方阵，取 $s_1 = s_2 = \cdots = s_n = 1$，则

$$\operatorname{per}(\boldsymbol{A}) \leqslant 1 + \prod_{i=1}^{n}(r_i - 1)$$

我们知道，设 $\boldsymbol{A}$ 是非负方阵，如果存在置换矩阵 $\boldsymbol{P},\boldsymbol{Q}$，使得 $\boldsymbol{PAQ} = \begin{pmatrix} \boldsymbol{B} & \boldsymbol{O} \\ \boldsymbol{C} & \boldsymbol{D} \end{pmatrix}$，则称 $\boldsymbol{A}$ 是部分可分矩阵；否则称 $\boldsymbol{A}$ 是完全不可分矩阵. 由此可知，若在非负矩阵 $\boldsymbol{A}$ 中，没有 $r \times s$ 的零子矩阵，其中 $r + s = n$，则 $\boldsymbol{A}$ 是完全不可分的；否则 $\boldsymbol{A}$ 是部分可分的.

本章对一类部分可分的 n 阶非负实矩阵的积和式的上界进行了估计.

1. 主要结论

我们知道，若 $\boldsymbol{A}$ 是部分可分非负矩阵，则存在置换矩阵 $\boldsymbol{P},\boldsymbol{Q}$，使得

$$\boldsymbol{PAQ} = \begin{pmatrix} \boldsymbol{A}_1 & 0 & 0 & 0 & 0 & 0 \\ \boldsymbol{A}_{21} & \boldsymbol{A}_2 & 0 & 0 & 0 & 0 \\ \vdots & \vdots & & \vdots & & \vdots \\ \boldsymbol{A}_{g1} & \boldsymbol{A}_{g2} & \cdots & \boldsymbol{A}_g & \cdots & 0 \\ \vdots & \vdots & & \vdots & & \vdots \\ \boldsymbol{A}_{k1} & \boldsymbol{A}_{k2} & \cdots & \cdots & \cdots & \boldsymbol{A}_k \end{pmatrix}_n \tag{1}$$

其中，$\boldsymbol{A}_i$ 是 n_i 阶完全不可分矩阵块，$i = 1,2,\cdots,k$，$n_1 + n_2 + \cdots + n_k = n$.

对于阶数 $n = 1,2$ 的部分可分非负实矩阵 $\boldsymbol{A}$，由定义可直接计算 $\operatorname{per}(\boldsymbol{A})$ 的值，而无须估值，所以在此我们考虑 $n \geqslant 3$ 的情形. 考察式(1)主对角线上的矩阵块

$A_1, A_2, \cdots, A_k$ 的阶数 $n_1, n_2, \cdots, n_k$，不妨设 $n_1 = n_2 = \cdots = n_s = 1, n_{s+1}, \cdots, n_k \geqslant 2$,下面分三种情况进行讨论:

情况1 $s = k$,即 $n_1 = \cdots = n_k = 1$,此时 $k = n$,A 经置换后是下三角形矩阵,可直接算出 $\mathrm{per}(A)$ 的值.

情况2 $s = 0$,即所有的 $n_j \geqslant 2 (j = 1, 2, \cdots, k)$,此时我们有:

定理2 设 A 是 n 阶部分可分非负实矩阵,其各个行和为 $r_1, \cdots, r_n (n \geqslant 4)$,在式(1)中,对于 $2 \leqslant m \leqslant k$,$A_{m1}, A_{m2}, \cdots, A_{m,m-1}$ 中至少有一个元大于等于1,且主对角线上每个矩阵块 $A_j (j = 1, 2, \cdots, k)$ 满足:

(1) A_j 各行中的最小正元素为1;

(2) A_j 的各行和大于或等于2,则

$$\mathrm{per}(A) \leqslant \prod_{j = n_1 + 1}^{n} (r_j - 1) + \prod_{i = 1}^{n} (r_i - 1)$$

证明 在式(1)中,设 A_1 的各个行和为 $p_1, p_2, \cdots, p_n$,则 $n_1 \geqslant 2, p_i = r_i \geqslant 2 (i = 1, 2, \cdots, n_1)$,$A_1$ 各行中的最小正元素为1. 由 A_1 的完全不可分性及定理1可知

$$\mathrm{per}(A_1) \leqslant 1 + \prod_{i = 1}^{n_1} (r_i - 1)$$

设 A_2 的各个行和为 $p_{n_1+1}, p_{n_1+2}, \cdots, p_{n_2}$,则 $n_2 \geqslant 2$,$r_j \geqslant p_j \geqslant 2 (j = n_1 + 1, n_1 + 2, \cdots, n_2)$. 由于 $2 \leqslant m \leqslant k$ 时,$A_{m1}, \cdots, A_{m,m-1}$ 中至少有一个元大于或等于1,所以在 A_2 的各行中至少存在一个 $j (j = n_1 + 1, n_1 + 2, \cdots, n_2)$,使得 $p_j < r_j$,不妨设 $j = n_1 + 1$,则有 $p_{n_1+1} < r_{n_1+1}$,即

$$p_{n_1+1} \leqslant r_{n_1+1} - 1$$

注意到 A_2 的完全不可分性及定理1有

$$\begin{aligned}\operatorname{per}(\boldsymbol{A}_2) \leqslant 1 + \prod_{j=n_1+1}^{n_2}(p_j - 1) \leqslant \\ 1 + (r_{n_1+1} - 2)\prod_{j=n_1+2}^{n_2}(r_j - 1) = \\ \prod_{j=n_1+1}^{n_2}(r_j - 1) - \left[\prod_{j=n_1+2}^{n_2}(r_j - 1) - 1\right] \leqslant \\ \prod_{j=n_1+1}^{n_2}(r_j - 1), r_j \geqslant 2\end{aligned}$$

同理

$$\begin{aligned}\operatorname{per}(\boldsymbol{A}_3) \leqslant \prod_{j=n_2+1}^{n_3}(r_j - 1), \cdots, \operatorname{per}(\boldsymbol{A}_k) \\ \leqslant \prod_{j=n_{k-1}+1}^{n}(r_j - 1) \qquad (2)\end{aligned}$$

这样由式(1)(2)可知

$$\begin{aligned}\operatorname{per}(\boldsymbol{A}) = \prod_{\rho=1}^{k}(\operatorname{per}(\boldsymbol{A}_\rho)) \leqslant \\ (1 + \prod_{i=1}^{n_1}(r_j - 1))\prod_{j=n_1+1}^{n}(r_j - 1) = \\ \prod_{j=n_1+1}^{n}(r_j - 1) + \prod_{i=1}^{n}(r_j - 1)\end{aligned}$$

例 1 设

$$\boldsymbol{A} = \begin{pmatrix} 1 & 1 & 0 & 0 \\ 1 & 3 & 0 & 0 \\ 0 & 1 & 4 & 1 \\ 0 & 0 & 1 & 3 \end{pmatrix}$$

解 显然 $\boldsymbol{A}$ 是部分可分的且由矩阵的分块知:$\boldsymbol{A}$ 可写为

$$\boldsymbol{A} = \begin{pmatrix} \boldsymbol{A}_1 & \boldsymbol{O} \\ \boldsymbol{A}_{21} & \boldsymbol{A}_2 \end{pmatrix}$$

其中

$$A_1=\begin{pmatrix}1&1\\1&3\end{pmatrix},A_{21}=\begin{pmatrix}0&1\\0&0\end{pmatrix},A_2=\begin{pmatrix}4&1\\1&3\end{pmatrix}$$

由 $\mathrm{per}(A_1)=4$,$\mathrm{per}(A_2)=13$ 可知 $\mathrm{per}(A_1)=52$. 这里 $n_1=2,n=4,r_1=2,r_2=4,r_3=6,r_4=4$,因而

$$\prod_{j=n_1+1}^{n}(r_j-1)+\prod_{i=1}^{n}(r_i-1)=$$

$$5\times3+1\times3\times5\times3=60$$

即

$$\mathrm{per}(A)<\prod_{j=n_1+1}^{n}(r_j-1)+\prod_{i=1}^{n}(r_i-1)$$

注 定理 2 中的等号是可以成立的. 例如:

例 2 设

$$A=\begin{pmatrix}1&1&0&0\\1&3&0&0\\0&1&2&1\\0&0&1&1\end{pmatrix}$$

解 显然 A 是部分可分的且 A 可分块为

$$A=\begin{pmatrix}A_1&O\\A_{21}&A_2\end{pmatrix}$$

其中

$$A_1=\begin{pmatrix}1&1\\1&3\end{pmatrix},A_{21}=\begin{pmatrix}0&1\\0&0\end{pmatrix},A_2=\begin{pmatrix}2&1\\1&1\end{pmatrix}$$

这里 $\mathrm{per}(A)=4\times3=12,n_1=2,n=4,r_1=2,r_2=4,r_3=4,r_4=2$,并且

$$\prod_{j=n_1+1}^{n}(r_j-1)+\prod_{i=1}^{n}(r_i-1)=$$

$$3\times1+1\times3\times3\times1=12$$

即

$$\operatorname{per}(\boldsymbol{A})=\prod_{j=n_1+1}^{n}(r_j-1)+\prod_{i=1}^{n}(r_i-1)$$

情况 3 $1\leqslant s<k$，此时式(1)中主对角线上有 s 个矩阵块的阶数为 1，其余 $k-s$ 个矩阵块 $\boldsymbol{A}_j$ 的阶数大于或等于 $2(j=s+1,\cdots,k,n\geqslant 3)$，经过置换后，可设 $\boldsymbol{A}_1=a'_{11},\cdots,\boldsymbol{A}_s=a'_{ss}$，则

$$\operatorname{per}(\boldsymbol{A})=a'_{11}\cdots a'_{ss}\prod_{j=s+1}^{n}\boldsymbol{A}_j$$

类似于定理 2 可得：

定理 3 设 $\boldsymbol{A}$ 是部分可分非负实矩阵，其各个行和为 $r_1,r_2,\cdots,r_n(n\geqslant 3)$，若对于 $s+1\leqslant m\leqslant k$（$s$ 的意义如上所述），式(1)的 $\boldsymbol{A}_{m1},\boldsymbol{A}_{m2},\cdots,\boldsymbol{A}_{m,m-1}$ 中至少有一个元大于或等于 1，且主对角线上的矩阵块 $\boldsymbol{A}_j(j=s+1,\cdots,k)$ 满足：

(1) $\boldsymbol{A}_j$ 的各行中的最小正元素为 1；

(2) $\boldsymbol{A}_j$ 的各个行和大于或等于 2，则

$$\operatorname{per}(\boldsymbol{A})=a'_{11}\cdots a'_{ss}\prod_{j=s+1}^{n}\boldsymbol{A}_j$$

参考文献

[1] SUK-GEUN HWANG, ARNOLD R, MICHAEL T S. An upper bound for the permanent of a nonnegative matrix[J]. Linear Algebra Appl., 1998,281:259-263.

[2] DONALD J, ELWIN J, HAGER R, et al. A graph theoretic upper bound on the permanent of a nonnegative integer matrix Ⅱ[J]. The extremal case, Linear Algebra Appl., 1984,61:199-218.

第7章 关于矩阵的积和式

矩阵的积和式的概念是在 1812 年被提出的,其定义为:设 $\boldsymbol{A}=(a_{ij})$ 为 $m\times n$ 阶矩阵($m\leqslant n$),则称和式

$$\operatorname{per}(\boldsymbol{A})=\sum_{i_1i_2\cdots i_m\in P_m^n} a_{1i_1}a_{2i_2}a_{mi_m}$$

为 $\boldsymbol{A}$ 的积和式. 这里 P_m^n 表示$\{1,2,\cdots,n\}$中所有 m 元排列的集合. 积和式有组合意义,例如,当 $\boldsymbol{E}$ 和 $\boldsymbol{J}$ 分别表示 n 阶单位阵和 n 阶全 1 矩阵时,$\operatorname{per}(\boldsymbol{J})=n!$ 为 n 元排列数,则

$$\operatorname{per}(\boldsymbol{J}-\boldsymbol{E})=n!\ \sum_{k=0}^{n}\frac{(-1)^k}{k!}$$

为 n 个元的错位排列的个数. 此外,积和式具有图论意义,若 n 阶有向图 D 的邻接矩阵是 $\boldsymbol{A}$,则 $\operatorname{per}(\boldsymbol{A})$ 就是 D 的由不交圈组成的生成子图的个数.

积和式的概念与行列式的概念相似，然而，行列式的一些重要性质对积和式来说不成立，积和式的计算很困难．于是，一些研究者对 per($\boldsymbol{A}$) 的上界和下界进行估计[1-4]．目前，对 per($\boldsymbol{A}$) 的上、下界的估计不能找到积和式计算的一般方法．在此，中南大学数学科学与计算技术学院的亢保元教授于 2003 年在讨论积和式的性质的基础上，讨论了积和式的计算方法及方阵积和式与行列式之间的关系．

1．方阵积和式的一条基本性质

定理 1 设 $\boldsymbol{A}$ 为 n 阶方阵，$\boldsymbol{P}$ 和 $\boldsymbol{Q}$ 均为 n 阶对角阵，则

$$\mathrm{per}(\boldsymbol{PAQ})=\mathrm{per}(\boldsymbol{P})\cdot\mathrm{per}(\boldsymbol{A})\cdot\mathrm{per}(\boldsymbol{Q})$$

证明 设

$$\boldsymbol{A}=\begin{pmatrix}a_{11} & a_{12} & \cdots & a_{1n}\\ a_{21} & a_{22} & \cdots & a_{2n}\\ \vdots & \vdots & & \vdots\\ a_{n1} & a_{n2} & \cdots & a_{nn}\end{pmatrix}$$

$$\boldsymbol{P}=\begin{pmatrix}p_1 & & & \\ & p_2 & & \\ & & \ddots & \\ & & & p_n\end{pmatrix}$$

$$\boldsymbol{Q}=\begin{pmatrix}q_1 & & & \\ & q_2 & & \\ & & \ddots & \\ & & & q_n\end{pmatrix}$$

则

$$\boldsymbol{PAQ}=\begin{pmatrix} p_1q_1a_{11} & p_1q_2a_{12} & \cdots & p_1q_na_{1n} \\ p_2q_1a_{21} & p_2q_2a_{22} & \cdots & p_2q_na_{2n} \\ \vdots & \vdots & & \vdots \\ p_nq_1a_{n1} & p_nq_2a_{n2} & \cdots & p_nq_na_{nn} \end{pmatrix}$$

于是

$$\begin{aligned}\mathrm{per}(\boldsymbol{PAQ}) &= \sum_{i_1i_2\cdots i_n\in P_n^n} p_1q_{i_1}a_{1i_1}p_2q_{i_2}a_{2i_2}\cdots p_nq_{i_n}a_{ni_n} = \\ & p_1p_2\cdots p_nq_1q_2\cdots q_n \times \\ & \sum_{i_1i_2\cdots i_n\in P_n^n} a_{1i_1}a_{2i_2}\cdots a_{ni_n} = \\ & \mathrm{per}(\boldsymbol{P})\cdot\mathrm{per}(\boldsymbol{A})\cdot\mathrm{per}(\boldsymbol{Q})\end{aligned}$$

在定理1中,若$\boldsymbol{A}$为$m\times n$阶矩阵且$m\neq n$,则结论不成立. 例如,若

$$\boldsymbol{A}=\begin{pmatrix} 0 & 1 & 0 \\ 1 & 0 & 1 \end{pmatrix},\boldsymbol{P}=\begin{pmatrix} 1 & \\ & 2 \end{pmatrix},\boldsymbol{Q}=\begin{pmatrix} 3 & & \\ & 4 & \\ & & 5 \end{pmatrix}$$

则

$$\mathrm{per}(\boldsymbol{A})=2$$

$$\mathrm{per}(\boldsymbol{PAQ})=\mathrm{per}\begin{pmatrix} 0 & 4 & 0 \\ 6 & 0 & 10 \end{pmatrix}=64$$

而

$$\mathrm{per}(\boldsymbol{P})\cdot\mathrm{per}(\boldsymbol{A})\cdot\mathrm{per}(\boldsymbol{Q})=240$$

$$\mathrm{per}(\boldsymbol{PQ})\neq\mathrm{per}(\boldsymbol{P})\cdot\mathrm{per}(\boldsymbol{A})\cdot\mathrm{per}(\boldsymbol{Q})$$

2. 矩阵积和式概念的推广

下面引入矩阵的k阶积和式的概念.

定义1 设$\boldsymbol{A}$为$m\times n$阶矩阵,$k\leqslant m\leqslant n$,$\boldsymbol{A}$的k阶积和式就是所有位于$\boldsymbol{A}$的不同行不同列上的k个元素的乘积之和,并记其为$\sigma^k(\boldsymbol{A})$. 显然,$k=1$时,$\sigma(\boldsymbol{A})$就是$\boldsymbol{A}$的所有元素的和;$k=m$时,$\sigma^m(\boldsymbol{A})=\mathrm{per}(\boldsymbol{A})$. 规定:$\sigma^0(\boldsymbol{A})=1$.

定理2 设n阶方阵$\boldsymbol{A}$有如下形式

$$\begin{pmatrix}1 & \boldsymbol{\alpha}\\ \boldsymbol{\alpha}^{\mathrm{T}} & \boldsymbol{B}\end{pmatrix}$$

其中,$\boldsymbol{\alpha}=(1,\cdots,1)$为$n-1$维行向量. 则

$$\mathrm{per}(\boldsymbol{A})=\mathrm{per}(\boldsymbol{B})+\sigma^{n-2}(\boldsymbol{B})$$

由积和式的概念易证该定理.

3. 矩阵积和式的计算

1. 无零元素的方阵的积和式的计算

其基本步骤是:先利用定理1将所给方阵化成定理2中方阵的形式,再利用定理2的结论进行降阶.

例1 已知

$$\boldsymbol{A}=\begin{pmatrix}1 & -1 & 2\\ -1 & 2 & 4\\ 3 & 1 & 2\end{pmatrix}$$

为了将它化成定理2中方阵的形式,对$\boldsymbol{A}$左乘$\boldsymbol{P}$右乘$\boldsymbol{Q}$,得

$$\boldsymbol{PAQ}=\begin{pmatrix}1 & 0 & 0\\ 0 & -1 & 0\\ 0 & 0 & \frac{1}{3}\end{pmatrix}\begin{pmatrix}1 & -1 & 2\\ -1 & 2 & 4\\ 3 & 1 & 2\end{pmatrix}\cdot$$

$$\begin{pmatrix}1 & 0 & 0\\0 & -1 & 0\\0 & 0 & \frac{1}{2}\end{pmatrix}=\begin{pmatrix}1 & 1 & 1\\1 & 2 & -2\\1 & -\frac{1}{3} & \frac{1}{3}\end{pmatrix}$$

记 $\boldsymbol{B}=\begin{pmatrix}2 & -2\\-\frac{1}{3} & \frac{1}{3}\end{pmatrix}$,由定理 1 及定理 2 有

$$\operatorname{per}(\boldsymbol{A})=\frac{\operatorname{per}(\boldsymbol{PAQ})}{\operatorname{per}(\boldsymbol{P})\cdot\operatorname{per}(\boldsymbol{Q})}=\frac{\operatorname{per}(\boldsymbol{B})+\sigma(\boldsymbol{B})}{\operatorname{per}(\boldsymbol{P})\cdot\operatorname{per}(\boldsymbol{Q})}=8$$

例 2 已知

$$\boldsymbol{A}=\begin{pmatrix}1 & 1 & 1 & 1\\1 & 2 & 3 & -1\\1 & -1 & 2 & 4\\1 & 2 & -1 & 3\end{pmatrix}$$

记

$$\boldsymbol{B}=\begin{pmatrix}2 & 3 & -1\\-1 & 2 & 4\\2 & -1 & 3\end{pmatrix}$$

则 $\operatorname{per}(\boldsymbol{A})=\operatorname{per}(\boldsymbol{B})+\sigma^2(\boldsymbol{B})$. 而 $\sigma^2(\boldsymbol{B})$ 就是 $\boldsymbol{B}$ 的所有 2 阶子式(共 9 个)的积和式的和,$\operatorname{per}(\boldsymbol{B})$ 的计算只需重复例 1 的步骤即可.

2. 方阵中有零元素时积和式的计算

这里可利用极限的思想进行计算.

例 3

$$\boldsymbol{A}=\begin{pmatrix}-1 & 2 & 1\\0 & 1 & -1\\3 & -1 & 2\end{pmatrix}$$

为计算 per($\boldsymbol{A}$)，首先计算 per($\boldsymbol{B}$). 这里

$$\boldsymbol{B}=\begin{pmatrix}-1 & 2 & 1\\ \varepsilon & 1 & -1\\ 3 & -1 & 2\end{pmatrix},\varepsilon\neq 0$$

而

$$\operatorname{per}(\boldsymbol{A})=\lim_{\varepsilon\to 0}\operatorname{per}(\boldsymbol{B})$$

当 $\boldsymbol{A}$ 中有多个元素为零时，其积和式的计算最后就成了求多元函数的极限问题.

设 $\boldsymbol{A}=(a_{ij})$ 为 $m\times n$ 阶矩阵($m\leqslant n$)，因

$$\operatorname{per}(\boldsymbol{A})=\sum_{i_1i_2\cdots i_m\in P_m^n}a_{1i_1}a_{2i_2}\cdots a_{mi_m}$$

故 per($\boldsymbol{A}$) 等于 $\boldsymbol{A}$ 的所有 m 阶子式的积和式之和. 因而，一般矩阵积和式的计算依赖方阵的积和式的计算.

4. 方阵积和式与其行列式的关系

若 $\boldsymbol{A}=(a_{ij})$ 为 n 阶方阵，则 $\boldsymbol{A}$ 的行列式 $|\boldsymbol{A}|$ 易于计算，而 $\boldsymbol{A}$ 的积和式 per($\boldsymbol{A}$) 不易计算，但实际上 $|\boldsymbol{A}|$ 与 per($\boldsymbol{A}$) 是有关系的.

已知 $|\boldsymbol{A}|=\sum\limits_{j_1j_2\cdots j_m\in P_n^n}(-1)^t a_{1j_1}a_{2j_2}\cdots a_{nj_n}$，这里 t 为排列 $j_1j_2\cdots j_n$ 的逆序数. 若设 s_n^n 为 P_n^n 中全体偶排列的集合，l_n^n 为 P_n^n 中全体奇排列的集合，进一步，记

$$u=\sum_{s_1s_2\cdots s_n\in s_n^n}a_{1s_1}a_{2s_2}\cdots a_{ns_n}$$

$$v=\sum_{l_1l_2\cdots l_n\in l_n^n}a_{1l_1}a_{2l_2}\cdots a_{nl_n}$$

则

$$|\boldsymbol{A}| = u - v, \operatorname{per}(\boldsymbol{A}) = u + v$$

若引入$\boldsymbol{A}$的复杂积Com $\boldsymbol{A}=uv$的概念，则有下述定理：

定理 3 设$\boldsymbol{A}$为方阵，则

$$(\operatorname{per}(\boldsymbol{A}))^2 = |\boldsymbol{A}|^2 + 4\mathrm{Com}\,\boldsymbol{A}$$

因交换$\boldsymbol{A}$的2行或2列的积和式不变，$\boldsymbol{A}$的行列式的平方不变，于是，由定理3可得下列定理：

定理 4 设$\boldsymbol{A}$为方阵，则Com $\boldsymbol{A}$为置换相抵下的不变量，即若$\boldsymbol{P}$和$\boldsymbol{Q}$均为与$\boldsymbol{A}$同阶的置换方阵，则

$$\mathrm{Com}(\boldsymbol{PAQ}) = \mathrm{Com}\,\boldsymbol{A}$$

5. 结　论

1. 基于对方阵积和式的性质的讨论和积和式概念的推广，本章给出了一个逐步降阶计算积和式的方法.

2. 通过引入复杂积的概念，我们得到了方阵积和式与其行列式之间的关系，为积和式的计算提供了新的思路.

参考文献

[1] FOREGGER T H. An upper bound for the permanent of a fully indecomposable matrix[J]. Proc. Amer. Math. Soc., 1975(49): 319-324.

[2] DONALD J, ELWIN J, HAGER R, et al. A graph theoretic upper bound on the permanent of a nonnegative integer matrix[J]. Linear Algebra Appl., 1984(61):187-198.

[3] BRUALDI R A, COLDWASSER J L, MICHAEL T S. Maximum permanent of matrices of zeros and ones[J]. J. Combin. Theory, Ser. A, 1988 (47): 207-245.

[4] 柳柏濂.组合矩阵论[M].北京:科学出版社,1996.

一类(0,1)－矩阵的最大积和式

第8章

1. 引言

矩阵的行与列统称为线. 记$A_{n,k}$为每条线恰有k个1的n阶(0,1)－矩阵的集合,per($\boldsymbol{A}$)是矩阵$\boldsymbol{A}$的积和式,并记

$$\beta(n,k)=\max\{\mathrm{per}(\boldsymbol{A})\mid \boldsymbol{A}\in A_{n,k}\}$$

当$k\mid n$时,Brualdi[1]证明了

$$\beta(n,k)=(k!)^{\frac{n}{k}}$$

且对应矩阵

$$\boldsymbol{A}=\boldsymbol{J}_k\oplus\boldsymbol{J}_k\oplus\cdots\oplus\boldsymbol{J}_k$$

这里$\boldsymbol{J}_k$是k阶全1矩阵,$\oplus$是矩阵的直和.

当$k\nmid n$时,$\beta(n,k)$的确定是十分困难的,$k=2$时,Merriell[2]给出了$\beta(n,2)=2^{[n/k]}$;$k=3,n\equiv1,2\pmod 3$

时，文献[2]亦分别给出了 $\beta(n,3)$ 的简单表达式；$k=4$ 时，Bol'shakov[3] 仅证明了

$$\beta(4t+1,4)=24^{t+1}44, t\geqslant 1$$

当 $k=n-2$ 时，文献[1]给出了 $\beta(n,n-2)$ 的简单表达式. 青海民族大学应用数学系的扈生彪教授于2003年给出了 $\beta(n,n-2)$ 的一个组合表达式.

2. 预备知识

设 $\boldsymbol{A}$ 是数域 F 上的一个 $n\times m(m\leqslant n)$ 矩阵，k 是一个非负整数，n 是一个正整数，集合 $\{1,2,\cdots,n\}$ 的所有 k 元子集组成的集族记为 $P_{k,n}$. 设 $\alpha\in P_{k,m}$，$\beta\in P_{k,n}$，$\boldsymbol{A}[\alpha,\beta]$ 是 $\boldsymbol{A}$ 的一个 $k\times k$ 子阵，其中行 $i\in\alpha$ 且列 $j\in\beta$. 记

$$p_k(\boldsymbol{A})=\sum_{\beta\in P_{k,n}}\sum_{\alpha\in P_{k,m}}\operatorname{per}(\boldsymbol{A}[\alpha,\beta])$$

特别地，定义 $p_0(\boldsymbol{A})=1$.

如果 $\boldsymbol{A}$ 是一个 $(0,1)$ - 矩阵，那么 $p_k(\boldsymbol{A})$ 等于从 $\boldsymbol{A}$ 中选出 k 个1，使得没有两个1位于同一条线的不同方法数.

引理1[1]　设 $\boldsymbol{A}$ 是 n 阶 $(0,1)$ - 矩阵，$\boldsymbol{P}$ 和 $\boldsymbol{Q}$ 均是 n 阶置换矩阵，则

$$\operatorname{per}(\boldsymbol{PAQ})=\operatorname{per}(\boldsymbol{A}) \tag{1}$$

引理2[2]　设 $\boldsymbol{A}$ 是 n 阶 $(0,1)$ - 矩阵，则

$$\operatorname{per}(\boldsymbol{P})=\sum_{K=0}^{n}(-1)^k p_k(\boldsymbol{J}_n-\boldsymbol{A})(n-k)! \tag{2}$$

引理3[4]　$A_{n,n-2}$ 中一个矩阵 $\boldsymbol{A}$ 若满足 $\operatorname{per}(\boldsymbol{A})=\beta(n,n-2)$，则存在 n 阶置换矩阵 $\boldsymbol{P}$ 和 $\boldsymbol{Q}$，使得

$$\boldsymbol{PAQ}=\boldsymbol{J}_n-(\boldsymbol{J}_2\oplus\boldsymbol{J}_2\oplus\cdots\oplus\boldsymbol{J}_2), n \text{ 是偶数} \tag{3}$$

$$\boldsymbol{PAQ} = \boldsymbol{J}_n - ((\boldsymbol{J}_3 - \boldsymbol{I}_3) \oplus \boldsymbol{J}_2 \oplus \cdots \oplus \boldsymbol{J}_2), n \text{ 是奇数} \tag{4}$$

3. 定理及其证明

定理1 每条线恰有$2t-2(t \geqslant 2)$个1的$2t$阶(0,1) - 矩阵的最大积和式是

$$\beta(2t,2t-2) = \sum_{K=0}^{2t} \sum_{i=0}^{[K/2]} \frac{(-1)^k t!\ (2t-k)!\ 2^{2k-3i}}{i!\ (k-2i)!\ (t-k+i)!}$$

证明 对某个固定的k,我们首先计算$p_k(\boldsymbol{J}_{2t} - \boldsymbol{PAQ})$. 由引理3知

$$p_k(\boldsymbol{J}_{2t} - \boldsymbol{PAQ}) = p_k(\boldsymbol{J}_2 \oplus \boldsymbol{J}_2 \oplus \cdots \oplus \boldsymbol{J}_2)(t\text{ 个})$$

考虑$\boldsymbol{J}_2 \oplus \boldsymbol{J}_2 \oplus \cdots \oplus \boldsymbol{J}_2$中选出$k$行的方法数,可分为如下两步.

(1) 从t个$\boldsymbol{J}_2$中选出$i(0 \leqslant i \leqslant [k/2])$个$\boldsymbol{J}_2$,确定$2i$行,有$\binom{t}{i}$种选法.

(2) 从其余$t-i$个$\boldsymbol{J}_2$中选出$k-2i$个$\boldsymbol{J}_2$,然后从每个$\boldsymbol{J}_2$中选出1行,确定$k-2i$行,有$\binom{t-i}{k-2i}2^{k-2i}$种选法.

上述每一种确定的选法,对应$\boldsymbol{J}_2 \oplus \boldsymbol{J}_2 \oplus \cdots \oplus \boldsymbol{J}_2$的一个$k \times 2t$子阵,其积和式为$2^i 2^{k-2i} = 2^{k-i}$. 于是由乘法原理和加法原理得

$$p_k(\boldsymbol{J}_2 \oplus \boldsymbol{J}_2 \oplus \cdots \oplus \boldsymbol{J}_2) = \sum_{i=0}^{[k/2]} \binom{t}{i} \binom{t-i}{k-2i} 2^{k-2i} \cdot 2^{k-i} =$$

$$\sum_{i=0}^{[K/2]}\binom{t}{i}\binom{t-i}{k-2i}2^{2k-2i}$$

由引理 3,结合式(1)(2)(3) 得

$$\beta(2t,2t-2)=\operatorname{per}(\boldsymbol{A})=\operatorname{per}(\boldsymbol{PAQ})=$$

$$\sum_{k=0}^{2t}(-1)^k p_k(\boldsymbol{J}_{2t}-\boldsymbol{PAQ})(2t-k)!\ =$$

$$\sum_{k=0}^{2t}(-1)^k\sum_{i=0}^{[k/2]}\binom{t}{i}\binom{t-i}{k-2i}2^{k-2i}(2t-k)!\ =$$

$$\sum_{K=0}^{2t}\sum_{i=0}^{[K/2]}\frac{(-1)^k t!\ (2t-k)!\ 2^{2k-3i}}{i!\ (k-2i)!\ (t-k+i)!}$$

定理2 每条线恰有$2t-1(t\geqslant 2)$个1的$2t+1$阶(0,1)-矩阵的最大积和式是

$$\beta(2t+1,2t-1)=\sum_{k=0}^{2t+1}\sum_{m=0}^{3}\sum_{i=0}^{[K/2]}\cdot$$

$$\frac{(-1)^k(t-1)!\ (2t+1-k)!\ p_m(\boldsymbol{J}_3-\boldsymbol{I}_3)2^{2k-3i-2m}}{i!\ (k-2i-m)!\ (t-k+i+m-1)!}$$

证明 对某个固定的k,仍考虑从

$$(\boldsymbol{J}_3-\boldsymbol{I}_3)\oplus\boldsymbol{J}_2\oplus\cdots\oplus\boldsymbol{J}_2(t-1\text{ 个 }\boldsymbol{J}_2)$$

中选出k行的方法数,可分为如下三个步骤.

(1) 从$\boldsymbol{J}_3-\boldsymbol{I}_3$中选出$m(0\leqslant m\leqslant 3)$行,有$\binom{3}{m}$种选法.

(2) 从$t-1$个$\boldsymbol{J}_2$中选出i个$\boldsymbol{J}_2$,确定$2i$行,有$\binom{t-1}{i}$种选法.

(3) 从其余$t-1-i$个$\boldsymbol{J}_2$中选出$k-2i-m$个$\boldsymbol{J}_2$,然后从每个$\boldsymbol{J}_2$中选出1行,有$\binom{t-i-1}{k-2i-m}2^{k-2i-m}$种选法.

由乘法原理,从$(\boldsymbol{J}_3-\boldsymbol{I}_3)\oplus\boldsymbol{J}_2\oplus\cdots\oplus\boldsymbol{J}_2$中选出$k$行的方法数为

$$\sum_{m=0}^{3}\binom{3}{m}\sum_{i=0}^{[K/2]}\binom{t-1}{i}\binom{t-i-1}{k-2i-m}2^{k-2i-m}$$

同理,上述每一种确定的选法,对应$(\boldsymbol{J}_3-\boldsymbol{I}_3)\oplus\boldsymbol{J}_2\oplus\cdots\oplus\boldsymbol{J}_2$的一个$k\times(2t+1)$子阵.下面讨论其积和式.

对$\boldsymbol{J}_3-\boldsymbol{I}_3$,因为从中任意取出$m(0\leqslant m\leqslant 3)$行,所组成的$m\times 3$子阵有相同的积和式,所以$\boldsymbol{J}_3-\boldsymbol{I}_3$中任意$m$行组成的$m\times 3$子阵的积和式为

$$\frac{p_K(\boldsymbol{J}_3-\boldsymbol{I}_3)}{\binom{3}{m}}$$

由定理$p_0(\boldsymbol{J}_3-\boldsymbol{I}_3)=1$且简单计算得

$$p_1(\boldsymbol{J}_3-\boldsymbol{I}_3)=6,p_2(\boldsymbol{J}_3-\boldsymbol{I}_3)=9,p_3(\boldsymbol{J}_3-\boldsymbol{I}_3)=2$$

对于上述一种确定的选法,由$(\boldsymbol{J}_3-\boldsymbol{I}_3)\oplus\boldsymbol{J}_2\oplus\cdots\oplus\boldsymbol{J}_2$的其余$k-m$行组成的$(k-m)\times(2t+1)$子阵的积和式为$2^i,2^{k-2i-m}=2^{k-i-m}$.因此,$(\boldsymbol{J}_3-\boldsymbol{I}_3)\oplus\boldsymbol{J}_2\oplus\cdots\oplus\boldsymbol{J}_2$的一个$k\times(2t+1)$子阵的积和式为

$$\frac{p_K(\boldsymbol{J}_3-\boldsymbol{I}_3)}{\binom{3}{m}}2^{k-i-m}$$

于是

$$p_k((\boldsymbol{J}_3-\boldsymbol{I}_3)\oplus\boldsymbol{J}_2\oplus\cdots\oplus\boldsymbol{J}_2)=$$
$$\sum_{m=0}^{3}\binom{3}{m}\sum_{i=0}^{[K/2]}\binom{t-1}{i}\binom{t-i-1}{k-2i-m}\times$$

$$2^{k-2i-m}\frac{p_K(\boldsymbol{J}_3-\boldsymbol{I}_3)}{\binom{3}{m}}2^{k-i-m}=$$

$$\sum_{m=0}^{3}\sum_{i=0}^{[K/2]}\binom{t-1}{i}\binom{t-i-1}{k-2i-m}\times$$

$$p_K(\boldsymbol{J}_3-\boldsymbol{I}_3)2^{2k-3i-2m}$$

$$\beta(2t+1,2t-1)=\operatorname{per}(\boldsymbol{A})=\operatorname{per}(\boldsymbol{PAQ})=$$

$$\sum_{k=0}^{2t+1}(-1)^k p_k(\boldsymbol{J}_{2t+1}-\boldsymbol{PAQ})(2t+1-k)!\ =$$

$$\sum_{k=0}^{2t+1}(-1)^k p_k((\boldsymbol{J}_3-\boldsymbol{I}_3)\oplus\boldsymbol{J}_2\oplus\cdots\oplus\boldsymbol{J}_2)\times$$

$$(2t+1-k)!\ =$$

$$\sum_{k=0}^{2t+1}(-1)^k\sum_{m=0}^{3}\sum_{i=0}^{[K/2]}\binom{t-1}{i}\cdot$$

$$\binom{t-i-1}{k-2i-m}p_m(\boldsymbol{J}_3-\boldsymbol{I}_3)\cdot$$

$$2^{2k-3i-2m}(2t+1-k)!\ =$$

$$\sum_{k=0}^{2t+1}\sum_{m=0}^{3}\sum_{i=0}^{[K/2]}\cdot$$

$$\frac{(-1)^k(t-1)!\ (2t+1-k)!\ p_m(\boldsymbol{J}_3-\boldsymbol{I}_3)2^{2k-3i-2m}}{i!\ (k-2i-m)!\ (t-k+i+m-1)!}$$

参考文献

[1] BRUALDI R A. Combinatorial Matrix Theory [M]. Cambridge: Press Syndicate of the University of Cambridge, 1991.

[2] MERRIELL D. The maximum permanent in Λ_n^k[J]. Linear Multilin. Alg., 1980(9):81-91.

[3] BOL'SHAKOV. Upper values of a permanant in Λ_n^k[J]. Combinatorial analysis, 1986,7:92-118.

[4] BRUALDI R A, COLDWASSER J L, MICHAEL T S. Maximum permanent of matrices of zeros and ones[J]. J. Combin. Theory, Ser. A, 1988(47): 207-245.

积和式的性质与应用

第9章

1. 引　言

在代数学中,行列式是一个比较基本的概念,积和式不仅外形与行列式相似,而且展开式也完全相似,但是积和式的计算却极为困难,对于任意的(0,1)-矩阵来说,其有关计算尚未解决,困难的原因在于积和式不存在行列式计算中的如下两条性质:

(1) $\det \boldsymbol{AB} = \det \boldsymbol{A} \det \boldsymbol{B}$.

(2) 对$\boldsymbol{A}$的某一行乘上一个常数加到另一行上,行列式的值不变.

华中师范大学数学与统计学学院的王恒亮和信阳职业技术学院的汤秀芳两位教授在2006年发现了一些关于积和式的有用性质,为此我们先给出相关概念.

记$[n]=\{1,2,\cdots,n\}$,对于矩阵$\boldsymbol{A}=(a_{ij})_{n\times n}$,其中$i,j\in[n]$,称$\mathrm{per}(\boldsymbol{A})=\sum\limits_{j_1j_2\cdots j_n}a_{1j_1}a_{2j_2}\cdots a_{nj_n}$为矩阵$\boldsymbol{A}$的积和式,其中$\sum\limits_{j_1j_2\cdots j_n}$表示对所有的$n$级全排列求和. 所有元素全为0或1的矩阵称为(0,1)-矩阵.

显然由积和式的定义不难得出如下的性质,其证明留给读者完成.

定理1 矩阵的积和式满足如下结论:

(1)$\boldsymbol{A}^{\mathrm{T}}$为$\boldsymbol{A}$的转置矩阵,则$\mathrm{per}(\boldsymbol{A})=\mathrm{per}(\boldsymbol{A}^{\mathrm{T}})$;

(2)交换矩阵$\boldsymbol{A}$任意两行(列)后得到矩阵$\boldsymbol{B}$,则$\mathrm{per}(\boldsymbol{A})=\mathrm{per}(\boldsymbol{B})$;

(3)运算$k\otimes i\boldsymbol{A}$表示k乘以矩阵$\boldsymbol{A}$的第i行(列)后得到的矩阵,则$\mathrm{per}(a\otimes_i\boldsymbol{A})=\mathrm{keper}\,\boldsymbol{A}$;

(4)运算$\oplus_i$表示两矩阵的第i行(列)相加,则$\mathrm{per}(\otimes_i\boldsymbol{A})=\mathrm{kper}\,\boldsymbol{A}$;

(5)若$\boldsymbol{A}=(a_{ij})_{n\times n}$为上(下)三角形矩阵,则$\mathrm{per}(\boldsymbol{A})=a_{11}a_{22}a_{33}\cdots a_{nn}$.

在矩阵$\boldsymbol{A}=(a_{ij})_{n\times n}$中划去$a_{ij}$所在的第$i$行和第$j$列,剩下的$(n-1)^2$个元素按原来位置排列成一个$n-1$阶子矩阵的积和式记为$\boldsymbol{A}_{ij}$,我们称$\boldsymbol{A}_{ij}$为$a_{ij}$的余子式,类似于行列式的计算,由积和式的定义不难得出如下的计算公式:

定理2

$$\mathrm{per}(\boldsymbol{A})=\sum_{k=1}^{n}a_{ik}\boldsymbol{A}_{ik}=\sum_{k=1}^{n}a_{kj}\boldsymbol{A}_{kj}$$

记$\boldsymbol{A}[\alpha,\beta]$为$\boldsymbol{A}=(a_{ij})_{m\times n}$中行列分别由$\alpha$和$\beta$确定的子矩阵,其中$\alpha\in[m]$,$\beta\in[n]$. 令

$$\boldsymbol{\sigma}_k(\boldsymbol{A})=\sum_{\alpha,\beta}\mathrm{per}(\boldsymbol{A})[\alpha,\beta]$$

其中求和公式遍历了所有的均含有 k 元子集的 α 和 β，设 S 为有限正整数集，$|S|$ 为 S 中元素的个数，对任意的 $0 \leqslant r \leqslant |S|$，令 $Q_r(S)$ 为 S 中 r 元子集. 当 $\alpha \in Q_r(S)$ 时，定义 $\alpha = S - \alpha$. 事实上，类似于矩阵的 Laplace 展开公式，由积和式的定义可以得到如下的结果，其具体的证明留给读者完成.

定理 3　设 $\boldsymbol{C}$ 为 $m+n$ 阶的非负矩阵，记 $\boldsymbol{C} = \begin{pmatrix} \boldsymbol{A} & \boldsymbol{X} \\ \boldsymbol{Y} & \boldsymbol{B} \end{pmatrix}$，其中 $\boldsymbol{A}$，$\boldsymbol{B}$ 分别为 m 阶和 n 阶的非空方阵且 $m \leqslant n$，则

$$\operatorname{per}(\boldsymbol{C}) = \sum_{r=0}^{m} \sum (\operatorname{per}(\boldsymbol{X}[\alpha,\beta])\operatorname{per}(\boldsymbol{Y}[\gamma,\delta]) \times \operatorname{per}(\boldsymbol{A}[\bar{\alpha},\bar{\beta}])\operatorname{per}(\boldsymbol{B}[\bar{\gamma},\bar{\delta}]))$$

其中第二个求和式遍历所有的 $\alpha,\delta \in Q_r(1,2,\cdots,m)$ 和所有的 $\beta,\gamma \in Q_r(m+1,m+2,\cdots,m+n)$.

2. 有关 $(0,1)$ - 矩阵积和式的计算

记 $\boldsymbol{I}_n$ 为 n 阶单位矩阵，$\boldsymbol{J}_n$ 为所有元素全为 1 的 n 阶方阵. $1,2,\cdots,n$ 的排列中没有一个数字保留在自然的位置上的排列称为错位排列，其个数记为 D_n. 显然 D_n 即为组合计数中著名的更列数. 在组合计数理论中，我们不难利用容斥原理求出 D_n，事实上，我们也可以比较容易地利用矩阵积和式的相关性质来求出 D_n.

定理 4

$$D_n = \operatorname{per}(\boldsymbol{J}_n - \boldsymbol{I}_n) = \sum_{j=0}^{n} (-1)^j \binom{n}{j} (n-j)!$$

证明　显然 $\operatorname{per}(\boldsymbol{J}_n - \boldsymbol{I}_n)$ 的展开式中含对角线的项全为 0，不含对角线的项均为 1，此时我们不难找出

一个错位排列与值为 1 的项之间的一一映射，故 $D_n = \operatorname{per}(\boldsymbol{J}_n - \boldsymbol{I}_n)$. 由定义显然可得 $\operatorname{per}(\boldsymbol{J}_n) = n!$，$\operatorname{per}(\boldsymbol{I}_n) = 1$. 记 $\boldsymbol{A}_{(ij)}$ 为将矩阵 $\boldsymbol{A}$ 的非 0 元素 a_{ij} 换成 0 后得到的矩阵，$\boldsymbol{I}_{k,n}$ 为恰有 k 个对角元为 1 其余为 0 的 n 阶方阵.

下面对 k 利用数学归纳法证明 $\operatorname{per}(\boldsymbol{J}_n - \boldsymbol{I}_k) = \nabla^k n!$，其中 ∇ 表示向后差分算子.

当 $k=1$ 时

$$\operatorname{per}(\boldsymbol{J}_n - \boldsymbol{I}_1) = n! - (n-1)! = \nabla^1 n!$$

设 $\operatorname{per}(\boldsymbol{J}_n - \boldsymbol{I}_k) = \nabla^k n!$，则

$$\begin{aligned}\operatorname{per}(\boldsymbol{J}_n - \boldsymbol{I}_{k+1}) = \operatorname{per}(\boldsymbol{J}_n - \boldsymbol{I}_{k,n}) - \operatorname{per}(\boldsymbol{J}_{n-1} - \boldsymbol{I}_{k,n-1}) &= \\ \nabla^k n! - \nabla^k (n-1)! &= \\ \nabla(\nabla^k n!)\nabla^{k+1} n!\end{aligned}$$

故由数学归纳法可知对任意 $k \leqslant n$，$\operatorname{per}(\boldsymbol{J}_n - \boldsymbol{I}_k) = \nabla^k n!$ 成立.

特别地，当 $k=n$ 时

$$\operatorname{per}(\boldsymbol{J}_n - \boldsymbol{I}_n) = \nabla^n n!$$

故

$$\begin{aligned}\operatorname{per}(\boldsymbol{J}_n - \boldsymbol{I}_n) = (\boldsymbol{I} - \boldsymbol{E}^{-1})^n (n!) &= \\ \sum_{j=0}^{n} (-1)^j \binom{n}{j} \boldsymbol{E}^{-j} (n!) &= \\ \sum_{j=0}^{n} (-1)^j \binom{n}{j} (n-j)!\end{aligned}$$

其中 $\boldsymbol{I}$，$\boldsymbol{E}$ 分别为组合计数理论中的恒等算子和移位算子.

事实上，利用积和式的性质，我们还可以求得一类具有特殊结构的 (0,1) − 矩阵的积和式. 设 $\boldsymbol{A}$ 为 n 阶 (0,1) − 矩阵，其中 $\boldsymbol{A}$ 的第 i 行(列) 有 p 个 1，第 j 行(列) 有 q 个 1，且第 i 行(列) 向量与第 j 行(列) 向量的内积等于 k，其余各行(列) 元素均为 1，则我们可以得

出如下的计算公式.

定理 5

$$\mathrm{per}(\boldsymbol{A})=(pq-k)(n-2)!$$

证明 记n阶(0,1)-矩阵$\boldsymbol{B}$具有如下结构,$\boldsymbol{B}$中第1行(列)有p个1,第2行(列)有q个1,且第1行(列)向量与第2行(列)向量的内积等于k,其余各行(列)元素均为1,由定理1即知

$$\mathrm{per}(\boldsymbol{A})=\mathrm{per}(\boldsymbol{B})$$

故

$$\mathrm{per}(\boldsymbol{A})=\mathrm{per}(\boldsymbol{B})=\sum_{j_1j_2\cdots j_n}a_{1j}a_{2j}\cdots a_{nj}$$

$$[(p-k)(q-k)+k(q-k)+k(p-1)]\times(n-2)!=(pq-k)(n-2)!$$

记

$$\boldsymbol{A}=\begin{pmatrix}1&1&0&0&\cdots&0&0&0\\1&1&1&0&\cdots&0&0&0\\0&1&1&1&\cdots&0&0&0\\0&0&1&1&\cdots&0&0&0\\\vdots&\vdots&\vdots&\vdots&&\vdots&\vdots&\vdots\\0&0&0&0&\cdots&1&1&1\\0&0&0&0&\cdots&0&1&1\end{pmatrix}_{n\times n}$$

$$\boldsymbol{B}=\begin{pmatrix}1&1&0&0&\cdots&0&0&1\\1&1&1&0&\cdots&0&0&0\\0&1&1&1&\cdots&0&0&1\\0&0&1&1&\cdots&0&0&0\\\vdots&\vdots&\vdots&\vdots&&\vdots&\vdots&\vdots\\0&0&0&0&\cdots&1&1&1\\1&0&0&0&\cdots&0&1&1\end{pmatrix}_{n\times n}$$

如果我们能够熟练地运用定理1中的性质,那么$\mathrm{per}(\boldsymbol{A})$与$\mathrm{per}(\boldsymbol{B})$也将可以很快求出.

定理 6

$$\operatorname{per}(\boldsymbol{A})=\frac{1}{\sqrt{5}}(\beta^{n+1}-\alpha^{n+1})$$

$$\operatorname{per}(\boldsymbol{B})=\alpha^{n}+\beta^{n}+2$$

其中

$$\alpha=\frac{1-\sqrt{5}}{2},\beta=\frac{1+\sqrt{5}}{2}$$

证明 记 $\operatorname{per}(\boldsymbol{A})=F_n$，由定理 2 按矩阵 $\boldsymbol{A}$ 的第 1 列展开即知 $F_n=F_{n-1}+F_{n-2}$.

定义 $F_0=1$，由已知条件可知 $F_2=2,F_3=3$. 由以上递推关系式不难求得

$$\operatorname{per}(\boldsymbol{A})=\frac{1}{\sqrt{5}}(\beta^{n+1}-\alpha^{n+1})$$

其中

$$\alpha=\frac{1-\sqrt{5}}{2},\beta=\frac{1+\sqrt{5}}{2}$$

类似于上面的计算，我们不难得出

$$\operatorname{per}(\boldsymbol{B})=\alpha^{n}+\beta^{n}+2$$

3. 具有某些特殊结构的矩阵的积和式

记

$$\boldsymbol{C}=\begin{pmatrix}\boldsymbol{A} & \boldsymbol{J}_{m\times n}\\ \boldsymbol{J}_{n\times m} & \boldsymbol{B}\end{pmatrix}$$

其中 $\boldsymbol{A},\boldsymbol{B}$ 分别为 m 阶和 n 阶的非空方阵且 $m\leqslant n$，则由定理 3 我们可以得到如下的计算公式：

定理 7

$$\operatorname{per}(\boldsymbol{C})=(\sigma_m(a),\cdots,\sigma_m(\boldsymbol{A}),0,\cdots,0)\times$$

$$D_n^2(\sigma_n(\boldsymbol{B}),\cdots,\sigma_0(\boldsymbol{B}))^{\mathrm{T}}$$

其中

$$D_n = \mathrm{diag}(0!,1!,2!,\cdots,n!)$$

证明 在定理 3 中令 $\boldsymbol{X}=\boldsymbol{J}_{m\times n},\boldsymbol{Y}=\boldsymbol{J}_{n\times m}$,则

$$\mathrm{per}(\boldsymbol{X}[\alpha,\beta])=\mathrm{per}(\boldsymbol{Y}[\gamma,\delta])=r!$$

故

$$\mathrm{per}(\boldsymbol{C})=\sum_{r=0}^{m}(r!)^2\sum_{\alpha,\beta,\gamma,\delta}\mathrm{per}(\boldsymbol{A}[\bar{\alpha},\bar{\delta}])\mathrm{per}(\boldsymbol{B}[\bar{\gamma},\bar{\beta}])=$$

$$\mathrm{per}(\boldsymbol{C})=\sum_{r=0}^{m}(r!)^2\sigma_{m-r}(\boldsymbol{A})\sigma_{n-r}(\boldsymbol{B})=$$

$$(\sigma_m(\boldsymbol{A}),\cdots,\sigma_0(\boldsymbol{A}),0,\cdots,0)\times$$

$$D_n^2(\sigma_n(\boldsymbol{B}),\cdots,\sigma_0(\boldsymbol{B}))^{\mathrm{T}}$$

记

$$\boldsymbol{A}=\begin{pmatrix}\boldsymbol{I}_m & \boldsymbol{J}\\ \boldsymbol{J} & \boldsymbol{I}_n\end{pmatrix},\boldsymbol{B}=\begin{pmatrix}\boldsymbol{J}_m & \boldsymbol{J}\\ \boldsymbol{J} & \boldsymbol{I}_n\end{pmatrix}$$

其中 $m\leqslant n$,由上述定理,我们可以容易地得出如下的推论:

推论 1

$$\mathrm{per}(\boldsymbol{A})=\sum_{k=0}^{m}[m]_k[n]_k$$

$$\mathrm{per}(\boldsymbol{B})=\sum_{k=0}^{m}[m]_k[m]_{m-k}[n]_k$$

其中

$$[x]_k=\begin{cases}1,k=0\\ x(x-1(x-2))\cdots(x-k+1),k\geqslant 1\end{cases}$$

证明 由上述定理可知

$$\mathrm{per}(\boldsymbol{A})=\sum_{k=0}^{m}(k!)^2\sigma_{m-k}(\boldsymbol{I}_m)\sigma_{n-k}(\boldsymbol{I}_n)=$$

$$\sum_{k=0}^{m}(k!)^2\binom{m}{m-k}\binom{n}{n-k}=$$

$$\sum_{k=0}^{m}[m]_k[n]_k$$

$$\mathrm{per}(\boldsymbol{B})=\sum_{k=0}^{m}(k!)^2\sigma_{n-k}(\boldsymbol{J}_m)\sigma_{n-k}(\boldsymbol{I}_n)=$$

$$\sum_{k=0}^{m}(k!)^2\binom{m}{m-k}(m-k)!\binom{n}{n-k}=$$

$$\sum_{k=0}^{m}[m]_k[m]_{m-k}[n]_k$$

参考文献

[1] 李乔. 阵论八讲[M]. 上海:上海科学技术出版社,1998.

[2] 邵嘉裕. 组合数学[M]. 上海:同济大学出版社,1991.

[3] 孙建新. 不变积和式的性质与应用[J]. 绍兴文理学院学报,2003:4-6.

(0,1) - 矩阵积和式的上、下界

第10章

1. 引　　言

设 F 是一个数域，$\boldsymbol{M}_{m,n}(F)$ 为元素在 F 取值的 $m\times n$ 阶矩阵. 特别地，记 $\boldsymbol{M}_n(F)=\boldsymbol{M}_{m,n}(F)$. 令 $\boldsymbol{B}_n=\boldsymbol{M}_n(\{0,1\})$，$\boldsymbol{A}\in\boldsymbol{B}_n$，$\boldsymbol{A}$ 的积和式定义为

$$\operatorname{per}(\boldsymbol{A})=\sum_{\sigma}\prod_{i=1}^{n}a_{i,\sigma(i)}$$

其中，σ 为 $\{1,2,\cdots,n\}$ 的所有排列.

文献[1,2]证明了计算(0,1) - 矩阵的积和式是一个 NP-complete 问题. 此后，估计积和式的上、下界就变得非常重要了.

令 $\boldsymbol{A}\in\boldsymbol{B}_n$，$U(n,\tau)$ 表示0元素的个数为 τ 的 n 阶方阵的集合. 文献[3]证明了，若 $\boldsymbol{A}\in U(n,\tau)$，则:

(1) 当 $\tau \geqslant n^2 - n$ 时,令 $\sigma = n^2 - \tau, r = \left[\frac{\sigma}{n}\right]$,则

$$\mathrm{per}(\boldsymbol{A}) \leqslant (r!)^{\frac{nr+n-\sigma}{r}} \cdot ((r+1)!)^{\frac{\sigma-nr}{r-1}}$$

(2) 当 $n > 3, n^2 - 2n \leqslant \tau \leqslant n^2 - n$ 时

$$\max\{\mathrm{per}(\boldsymbol{A}); \boldsymbol{A} \in U(n,\tau)\} = 2^{[(n^2-\tau-\frac{n}{2})]}$$

中国矿业大学理学院的张雪媛、王萃琦、朱晓颖三位研究生给出了 $\boldsymbol{A} \in U(n,\tau), 0 \leqslant \tau \leqslant n$ 时,积和式的上界和下界.

定理1(本章的主要结论)　令 $\boldsymbol{A} \in U(n,\tau), 0 \leqslant \tau \leqslant n$,则:

(1) $\min\{\mathrm{per}(\boldsymbol{A}); \boldsymbol{A} \in U(n,\tau)\} = (n,\tau) \cdot (n-1)!$;

(2) $\max\{\mathrm{per}(\boldsymbol{A}); \boldsymbol{A} \in U(n,\tau)\} = \sum\limits_{i=0}^{\tau} (-1)^i \binom{\tau}{i} \cdot (n-i)!$.

2. 引　　理

下面给出与定理1的证明相关的几个引理.

引理1[4]　$\boldsymbol{A} \in \boldsymbol{B}_n$,记 $\alpha = (i_1, i_2, \cdots, i_k), 1 \leqslant i_1 \leqslant i_2 \leqslant \cdots \leqslant i_k \leqslant n, \beta = (j_1, j_2, \cdots, j_k), 1 \leqslant j_1 \leqslant j_2 \leqslant \cdots \leqslant j_k \leqslant n$. 则

$$\mathrm{per}(\boldsymbol{A}) = \sum_{\text{all possible } \beta} \mathrm{per}(\boldsymbol{A}[\alpha \mid \beta]) \mathrm{per}(\boldsymbol{A}(\alpha \mid \beta)) \tag{1}$$

这里 $\boldsymbol{A}[\alpha \mid \beta]$ 是从 $\boldsymbol{A}$ 中取出属于 α 的行和属于 β 的列所得到的矩阵,而 $\boldsymbol{A}(\alpha \mid \beta)$ 是从 $\boldsymbol{A}$ 中删去其所得到的矩阵.

令 $\alpha = \{i\}$,得

$$\mathrm{per}(\boldsymbol{A}) = \sum_{j=1}^{n} a_{ij} \mathrm{per}(\boldsymbol{A}(i \mid j)) \tag{2}$$

引理2　$A\in U(n,\tau)$,$0\leqslant\tau\leqslant n$,若所有的0元素在同一行或者同一列,则 $\mathrm{per}(A)=(n-\tau)\cdot(n-1)!$.

证明　$A\in U(n,\tau)$,$0\leqslant\tau\leqslant n$,所有的0元素在同一行或者同一列,不妨设

$$A=\begin{pmatrix}0&\cdots&0&1&\cdots&1\\1&\cdots&1&1&\cdots&1\\\vdots&&\vdots&\vdots&&\vdots\\1&\cdots&1&1&\cdots&1\end{pmatrix}\in U(n,\tau)$$

由引理1的式(2),将 $\mathrm{per}(A)$ 按第一行展开得

$$\mathrm{per}(A)=\tau\cdot0\cdot\mathrm{per}\begin{pmatrix}1&\cdots&1\\\vdots&&\vdots\\1&\cdots&1\end{pmatrix}_{n-1}+$$

$$(n-\tau)\cdot1\cdot\mathrm{per}\begin{pmatrix}1&\cdots&1\\\vdots&&\vdots\\1&\cdots&1\end{pmatrix}_{n-1}=$$

$$(n-\tau)\cdot(n-1)!$$

证毕.

令 $a_{1,\sigma(1)},a_{2,\sigma(2)},\cdots,a_{n,\sigma(n)}$ 为矩阵 A 的一条对角线,满足任意两个元素不在同一行也不在同一列. 用 $d_{n_0}=a$ 表示对角线上恰有 a 个0元素的对角线的条数,则 $\mathrm{per}(A)=d_{n_0=0}$. 显然,$\mathrm{per}(J_n)=n!$,$J_n$ 为所有元素全为1的方阵

$$\forall A\in B_n,\mathrm{per}(A)=n!\ -d_{n_0\geqslant1}$$

引理3　$A\in U(n,\tau)$,$0\leqslant\tau\leqslant n$,若所有0元素都在同一条对角线上,则

$$\mathrm{per}(A)=\sum_{i=0}^{\tau}(-1)^i\binom{\tau}{i}(n-i)!$$

证明　将对角线上的 τ 个0元素记为 $1,2,\cdots,\tau$,

用 $d_{i_1i_2\cdots i_k}$ 表示包含0元素 $i_1,i_2,\cdots,i_k$ 的对角线的条数，其中 $1\leqslant i_1<i_2<\cdots<i_k\leqslant\tau,1\leqslant k\leqslant\tau$. 由容斥定理

$$d_{n_0\geqslant 1}=\sum_{i=1}^{\tau}d_i-\sum_{1\leqslant i<j\leqslant\tau}d_{ij}+\cdots+(-1)^{\tau-1}d_{1,2,\cdots,\tau}=$$

$$\binom{\tau}{1}\cdot(n-1)!-\binom{\tau}{2}\cdot(n-2)!+\cdots+$$

$$(-1)^{\tau-1}\binom{\tau}{\tau}\cdot(n-\tau)!$$

$$\operatorname{per}(\boldsymbol{A})=\sum_{i=0}^{\tau}(-1)^i\cdot\binom{\tau}{i}\cdot(n-1)!$$

证毕.

3. 定理1的证明

1. 证明定理1(1)

$\forall\boldsymbol{A}\in U(n,\tau),0\leqslant\tau\leqslant n$,每个0对应 $\boldsymbol{A}$ 中 $(n-1)!$ 条含有这个0的对角线. 而 $\boldsymbol{A}$ 中0的个数为 τ,则

$$d_{n_0\geqslant 1}\leqslant\tau\cdot(n-1)!$$

$$\operatorname{per}(\boldsymbol{A})=n!-d_{n_0\geqslant 1}\geqslant n!-\tau\cdot(n-1)!=$$
$$(n-\tau)\cdot(n-1)!$$

令

$$\boldsymbol{A}_\alpha=\begin{pmatrix}0&\cdots&0&1&\cdots&1\\1&\cdots&1&1&\cdots&1\\\vdots&&\vdots&\vdots&&\vdots\\1&\cdots&1&1&\cdots&1\end{pmatrix}\in U(n,\tau)$$

由引理2知,$\operatorname{per}(\boldsymbol{A}_\alpha)=(n-\tau)\cdot(n-1)!$. 证毕.

2. 证明定理1(2)

令

$$A_{\beta}=\begin{pmatrix}0&1&1&\cdots&1\\1&0&0&\cdots&1\\1&1&0&\cdots&1\\\vdots&\vdots&\vdots&&\vdots\\1&1&1&\cdots&1\end{pmatrix}\in U(n,\tau)$$

对于 $\forall \boldsymbol{A}\in U(n,\tau),0\leqslant\tau\leqslant n$. 若 $\boldsymbol{A}\neq \boldsymbol{P}\boldsymbol{A}_{\beta}\boldsymbol{Q},\boldsymbol{P},\boldsymbol{Q}$ 为置换矩阵(每行每列只有一个 1),那么 $\boldsymbol{A}$ 中至少存在一行或一列使得两个 0 位于该行或该列.

若 $\boldsymbol{A}$ 中第 i_0 行中的第 j_a 列和第 j_b 列为 0,由 $0\leqslant\tau\leqslant n$,$\boldsymbol{A}$ 中存在一个二阶子矩阵

$$\begin{pmatrix}a_{i_0,j_a}&a_{i_0,j_b}\\a_{i_1,j_a}&a_{i_1,j_b}\end{pmatrix}=\begin{pmatrix}0&0\\1&1\end{pmatrix}$$

令 $\boldsymbol{B}=(b_{ij})$ 是 $\boldsymbol{A}$ 的同阶方阵,且

$$\begin{pmatrix}b_{i_0,j_a}&b_{i_0,j_b}\\b_{i_1,j_a}&b_{i_1,j_b}\end{pmatrix}=\begin{pmatrix}0&1\\1&0\end{pmatrix}$$

而 $\boldsymbol{B}$ 的其他元素与 $\boldsymbol{A}$ 相同,称从 $\boldsymbol{A}$ 到 $\boldsymbol{B}$ 的变换为变换 Ⅰ.

通过变换 Ⅰ,i_0 行中 0 的个数减 1,而各列中 0 的个数不变. 即变换 Ⅰ 分散了行中 0 元素的分布.

运用式(1),选 $\alpha=(i_0,i_1)$,对任意 β,有

$$\boldsymbol{A}(\alpha\mid\beta)=\boldsymbol{B}(\alpha\mid\beta)$$

记 $\beta=(j_1,j_2),\beta_0=(j_a,j_b)$.

情况 1 $j_a\notin\beta,j_b\notin\beta$,则 $\boldsymbol{A}[\alpha\mid\beta]=\boldsymbol{B}[\alpha\mid\beta]$;

情况 2 $j_a\in\beta,j_b\in\beta(\beta=\beta_0)$,则

$$\operatorname{per}(\boldsymbol{A}[\alpha\mid\beta_0])=\operatorname{per}\begin{pmatrix}0&0\\1&1\end{pmatrix}=0$$

而 $\operatorname{per}(\boldsymbol{B}[\alpha\mid\beta_0])=\operatorname{per}\begin{pmatrix}0&1\\1&0\end{pmatrix}=-1$;

情况3 $j_a \in \beta, j_b \notin \beta$，$\boldsymbol{A}[\alpha \mid \beta]$ 和 $\boldsymbol{B}[\alpha \mid \beta]$ 中另一列是 $\begin{pmatrix} 0 \\ 1 \end{pmatrix}$，$\boldsymbol{A}[\alpha \mid \beta] = \begin{pmatrix} 0 & 0 \\ 1 & 1 \end{pmatrix} = \boldsymbol{B}[\alpha \mid \beta]$；

情况4 $j_a \notin \beta, j_b \in \beta$，且 $\boldsymbol{A}[\alpha \mid \beta]$ 和 $\boldsymbol{B}[\alpha \mid \beta]$ 中另一列是 $\begin{pmatrix} 0 \\ 1 \end{pmatrix}$，则

$$\operatorname{per}(\boldsymbol{A}[\alpha \mid \beta]) = \operatorname{per}\begin{pmatrix} 0 & 0 \\ 1 & 1 \end{pmatrix} = 0$$

$$\operatorname{per}(\boldsymbol{B}[\alpha \mid \beta]) = \operatorname{per}\begin{pmatrix} 0 & 1 \\ 1 & 0 \end{pmatrix} = -1$$

设共有 s 个 $\begin{pmatrix} 0 \\ 1 \end{pmatrix}$，记为 $\{\beta_{a0_1}, \beta_{a0_2}, \cdots, \beta_{a0_s}\}$；

情况5 $j_a \in \beta, j_b \notin \beta$，且 $\boldsymbol{A}[\alpha \mid \beta]$ 和 $\boldsymbol{B}[\alpha \mid \beta]$ 中另一列是 $\begin{pmatrix} 1 \\ 1 \end{pmatrix}$，则 $\boldsymbol{A}[\alpha \mid \beta] = \begin{pmatrix} 0 & 1 \\ 1 & 1 \end{pmatrix} = \boldsymbol{B}[\alpha \mid \beta]$；

情况6 $j_a \notin \beta, j_b \in \beta$，且 $\boldsymbol{A}[\alpha \mid \beta]$ 和 $\boldsymbol{B}[\alpha \mid \beta]$ 中另一列是 $\begin{pmatrix} 1 \\ 1 \end{pmatrix}$，则

$$\operatorname{per}(\boldsymbol{A}[\alpha \mid \beta]) = \operatorname{per}\begin{pmatrix} 1 & 0 \\ 1 & 1 \end{pmatrix} = 1$$

且

$$\operatorname{per}(\boldsymbol{B}[\alpha \mid \beta]) = \operatorname{per}\begin{pmatrix} 1 & 1 \\ 1 & 0 \end{pmatrix} = 1$$

综上

$$\operatorname{per}(\boldsymbol{A}) - \operatorname{per}(\boldsymbol{B}) = -\operatorname{per}(\boldsymbol{B}(\alpha \mid \beta_0)) - (\operatorname{per}(\boldsymbol{B}(\alpha \mid \beta_{b0_1})) + \cdots + \operatorname{per}(\boldsymbol{B}(\alpha \mid \beta_{b0_s}))) \leqslant 0$$

得到 $\operatorname{per}(\boldsymbol{A}) \leqslant \operatorname{per}(\boldsymbol{B})$，即变换 Ⅰ 是关于 $\operatorname{per}(\boldsymbol{A})$ 的非

减变换.

参照行变换定义,列变换为变换 Ⅱ. 变换 Ⅱ 分散了列中 0 元素的分布. 用与行变换类似的方法可以证明变换 Ⅱ 也是关于 $\mathrm{per}(\boldsymbol{A})$ 的非减变换.

$\forall \boldsymbol{A} \in U(n,\tau)$,通过有限次变换 Ⅰ 或变换 Ⅱ 即可将 $\boldsymbol{A}$ 变换成 $\boldsymbol{A}_\beta$(所有 0 元素分布在同一条对角线上),且整个过程保持 $\mathrm{per}(\boldsymbol{A})$ 非减.

由引理 3 知,当 $0 \leqslant \tau \leqslant n$ 时

$$\max\{\mathrm{per}(\boldsymbol{A}):\boldsymbol{A} \in U(n,\tau)\} = \sum_{i=0}^{\tau}(-1)^i\binom{\tau}{i}(n-i)!$$

证毕.

参考文献

[1] VALIANT L G. Completeness classes in algebra [C]// The proceedings of ACM Symposium on the Theory of Computing. Washington: ACM Press, 1979:204-261.

[2] VALIANT L G. The complexity of computing the permanent[J]. Theor Comput Sci, 1979,8(2):189.

[3] BRUALDI R A, COLDWASSER J L, MICHAEL T S. Maximum permanent of matrices of zeros and ones[J]. J. Combin. Theory, Ser. A,1988 (47)2: 207.

[4] 柳柏濂. 组合矩阵论[M]. 北京:科学出版社,1998.

一类(0,1) - 矩阵的积和式

第11章

1. 问题的提出

设 $\boldsymbol{A}$ 为 $m\times n(m\leqslant n)$ 阶矩阵,矩阵 $\boldsymbol{A}$ 的积和式定义为

$$\mathrm{per}(\boldsymbol{A})=\sum_{\sigma}a_{1\sigma(1)}a_{2\sigma(2)}\cdots a_{m\sigma(m)}$$

其中 σ 是 $\{1,2,\cdots,n\}$ 中所有 m 元排列的集合. 当 $m>n$ 时, 定义 $\mathrm{per}(\boldsymbol{A})=\mathrm{per}(\boldsymbol{A}^{\mathrm{T}})$.

很显然,积和式也是矩阵的一个基本的度量值,与行列式在形式上极为相似. 积和式概念的提出[1],也几乎和行列式同期. 但由于行列式的某些性质,积和式不成立,从而导致了积和式的计算极为困难,因此它的研究远远滞后于行列式. 20 世纪七八十年代,人们发现(0,1) - 矩阵的积和式(即矩阵元素为0

或 1) 的计算问题在组合优化、图论,特别是现代通信和材料科学等许多领域有重要的应用,所以(0,1) - 矩阵的积和式的研究引起了人们的广泛关注. 对于(0,1) - 矩阵的积和式,一般情况下也很难计算它的具体的值,除非它有非常特殊的形式. 所以人们把目光转向了对(0,1) - 矩阵积和式的上、下界的研究[2,3].

为方便起见,本章用 $U(m\times n,k)$ 表示含 k 个 0 的 $m\times n$ 阶(0,1) - 矩阵的集合,用 $U(n,k)$ 表示含 k 个 0 的 n 阶(0,1) - 矩阵的集合.

Brualdi[2] 等研究了 $U(n,k)$ 中,k 给定范围时的积和式的上、下界,得到当 $k\geqslant n^2-n$ 时,令 $\sigma=n^2-k$,$r=\left[\frac{\sigma}{n}\right]$,则

$$\mathrm{per}(\boldsymbol{A})\leqslant(n!)^{\frac{nr+n-\sigma}{r}}\cdot((r+1)!)^{\frac{\sigma-nr}{r+1}}$$

当 $n\geqslant 3$,$n^2-2n\leqslant k\leqslant n^2-n$ 时,$\max\{\mathrm{per}(\boldsymbol{A})\mid \boldsymbol{A}\in U(n,k)\}=2^{[n^2-k-\frac{n}{2}]}$. Seok-Zun Song 等[4] 给出 $U(m\times p,k)$ 中 $k\leqslant\min(m,n)$ 时矩阵积和式的极值. 广东工业大学应用数学学院的李建平和华中科技大学数学与统计学院的谢冬长两位教授于 2009 年在前人的基础上,研究了含有 $n+1$ 个 0 的 n 阶(0,1) - 矩阵积和式的极值,给出了积和式的最大值、次大值和第三大值,并给出了取得极值的相应的组合等价矩阵.

2. 主要结果

在本节中,将给出主要结果和证明. 下面先给出一些定义和相关记号. 令

$$\Gamma_{r,n}=\{\omega=(\omega_1,\omega_2,\cdots,\omega_r)\mid 1\leqslant\omega\leqslant n,i=1,2,\cdots,r\}$$
$$Q_{r,n}=\{(\omega_1,\omega_2,\cdots,\omega_r)\in\Gamma_{r,n}\mid 1\leqslant\omega_1<\omega_2<\cdots<\omega_r\leqslant n\}$$

设 $\boldsymbol{A}=(a_{ij})_{m\times n}$，$\boldsymbol{\alpha}=(\alpha_1,\alpha_2,\cdots,\alpha_h)\in Q_{hn}$，$\boldsymbol{\beta}=(\beta_1,\beta_2,\cdots,\beta_k)\in Q_{kn}$，$\boldsymbol{A}[\alpha\mid\beta]$ 表示 $\boldsymbol{A}$ 的 $h\times k$ 阶子矩阵，$\boldsymbol{A}(\alpha\mid\beta)$ 表示 $\boldsymbol{A}$ 的与 $\boldsymbol{A}[\alpha\mid\beta]$ 互补的 $(m-k)\times(n-k)$ 阶子矩阵，即余子矩阵. 特别地，本章将 $\boldsymbol{A}$ 的列 $\omega\in Q_{m,n}$ 的 m 阶子矩阵表示为 $\boldsymbol{A}[-\mid\boldsymbol{\omega}]$，对应的余子矩阵表示为 $\boldsymbol{A}(-\mid\boldsymbol{\omega})$.

定义1　设 $\boldsymbol{A}$ 和 $\boldsymbol{B}$ 均为 n 阶矩阵，如果存在置换矩阵 $\boldsymbol{P}$ 和 $\boldsymbol{Q}$ 使得 $\boldsymbol{B}=\boldsymbol{PAQ}$ 或 $\boldsymbol{B}=\boldsymbol{PA}^{\mathrm{T}}\boldsymbol{Q}$，则称矩阵 $\boldsymbol{B}$ 与矩阵 $\boldsymbol{A}$ 组合等价.

令 $\boldsymbol{J}_{s\times1}$（或 $\boldsymbol{J}$）表示 $s\times r$ 阶元素全为 1 的矩阵.

引理1　设 $\boldsymbol{E},\boldsymbol{F}\in U(n,k)$，且 $r\leqslant\min\{k,n\}$，$\boldsymbol{E}$，$\boldsymbol{F}$ 分别为

$$\boldsymbol{E}=\left(\begin{array}{cc|c}0&1&\\ \vdots&\vdots&\\ 0&1&\boldsymbol{X}\\ 0&1&\\ 0&1&\\ \hline \multicolumn{2}{c|}{\boldsymbol{J}}&\end{array}\right),\boldsymbol{F}=\left(\begin{array}{cc|c}0&1&\\ \vdots&\vdots&\\ 0&1&\boldsymbol{X}\\ 0&1&\\ 1&0&\\ \hline \multicolumn{2}{c|}{\boldsymbol{J}}&\end{array}\right)$$

其中，$\boldsymbol{X}$ 为 $n\times(n-2)$ 阶含有 $k-r$ 个 0 的 $(0,1)$ 矩阵，$\boldsymbol{J}=\boldsymbol{J}_{(n-1)\times2}$，则 $\mathrm{per}(\boldsymbol{E})\leqslant\mathrm{per}(\boldsymbol{F})$.

引理2　设 $\boldsymbol{A}=\left(\begin{array}{ccc|c}0&&&\\ &\ddots&&\boldsymbol{J}\\ &&0&\\ \hline \multicolumn{3}{c|}{\boldsymbol{J}}&\end{array}\right)$，其中矩阵 $\boldsymbol{A}$ 的对角线上有 $k(k\leqslant n)$ 个 0，空白处的元素都为 1，则

$$\operatorname{per}(\boldsymbol{A})=\sum_{s=0}^{k}(-1)^{s}\binom{k}{s}(n-1-s)!$$

引理 3　设 $\boldsymbol{A}$ 为 n 阶矩阵,则有:

(1) $\operatorname{per}(\boldsymbol{A})=\operatorname{per}(\boldsymbol{A}^{\mathrm{T}})$;

(2) $\operatorname{per}(\boldsymbol{PAQ})=\operatorname{per}(\boldsymbol{A})$,其中 $\boldsymbol{P},\boldsymbol{Q}$ 为 n 阶置换矩阵;

(3) 设 $\boldsymbol{\alpha}\in Q_{rn}$,则

$$\operatorname{per}(\boldsymbol{A})=\sum_{\boldsymbol{\omega}\in Q_{rn}}\operatorname{per}(\boldsymbol{A}[\boldsymbol{\alpha}\mid\boldsymbol{\omega}])\cdot\operatorname{per}(\boldsymbol{A}[\boldsymbol{\alpha}\mid\boldsymbol{\omega}])$$

特别地,对任意的 $1\leqslant i\leqslant n$,有

$$\operatorname{per}(\boldsymbol{A})=\sum_{t=1}^{n}a_{it}\cdot\operatorname{per}(\boldsymbol{A}(i\mid t))$$

注　由引理3的(1)(2)知,组合等价的矩阵具有相同的积和式.

定理 1　在 $U(n,n+1)$ 中,矩阵的积和式的最大值为

$$\operatorname{per}(\boldsymbol{A}_{\max})=(n-2)\sum_{k=0}^{n-2}(-1)^{k}\binom{n-2}{k}\times(n-1-k)!,n>2$$

并且当矩阵组合等价于矩阵 $\boldsymbol{A}_{\max}$ 时,积和式取到最大值,其中

$$\boldsymbol{A}_{\max}=\begin{pmatrix}0&&&&\\0&0&&&\\&&\ddots&&\\&&&0&\\&&&&0\end{pmatrix}\text{(空白处的元素全为 1)}$$

证明　用反证法证明. 设 $\boldsymbol{A}_{\max}$ 的积和式不是最大的,则存在矩阵 $\boldsymbol{K}$,满足条件 $\boldsymbol{K}$ 不组合等价于 $\boldsymbol{A}_{\max}$,而且 $\operatorname{per}(\boldsymbol{K})>\operatorname{per}(\boldsymbol{A}_{\max})$. 由 $\boldsymbol{A}_{\max}$ 的结构知,矩阵 $\boldsymbol{K}$ 有两种可能的结构:(1) 某列中至少有3个元素为0,(2) 某

两列中有 2 个元素为 0.

下面按这两种情况分别予以证明：

情况 1 矩阵 $\boldsymbol{K}$ 的某列中至少有 3 个元素为 0，不妨设为第 p 列中 $K_{ip}=0$，$K_{jp}=0$ 以及 $K_{kp}=0$，则矩阵 $\boldsymbol{K}$ 中至少有一列设为第 q 列没有 0，令 $\boldsymbol{K}_1$ 表示将 $\boldsymbol{K}$ 中的 $K_{ip}=0$ 与 $K_{iq}=1$ 交换得到的矩阵，由引理 1 知，$\mathrm{per}(\boldsymbol{K}_1)\geqslant\mathrm{per}(\boldsymbol{K})$，若还有其他的列至少含有 3 个 0，则和前面做同样的交换，这样一直继续下去. 因为矩阵 $\boldsymbol{K}$ 只有 $n+1$ 个 0，最终会得到下列两种形式中的一个：(1) 这个矩阵的其中一列含有 2 个 0，而其余的列都只有一个 0，设为 $\boldsymbol{K}_2$. 这时有 $\mathrm{per}(\boldsymbol{K}_2)\geqslant\mathrm{per}(\boldsymbol{K}_1)\geqslant\mathrm{per}(\boldsymbol{K})$. (2) 出现情况 2 的形式（即某两列含有 2 个 0），转为情况 2.

情况 2 矩阵 $\boldsymbol{K}$ 有某两列中恰有 2 个元素 0，分别设为第 j 列和第 p 列，并设第 p 列中 $K_{ip}=K_{jp}=0$，则矩阵 $\boldsymbol{K}$ 中存在一列没有零元，设为第 q 列. 令 $\boldsymbol{K}_5$ 表示将矩阵 $\boldsymbol{K}$ 中的 $K_{ip}=0$ 与 $K_{jp}=0$ 交换得到的矩阵，由引理 1 知，$\mathrm{per}(\boldsymbol{K}_3)\geqslant\mathrm{per}(\boldsymbol{K})$，若还有某两列含有 2 个 0，再做一次类似的交换，这样一直继续下去. 因为矩阵 $\boldsymbol{K}$ 只有 $n+1$ 个 0，最终可化为矩阵 $\boldsymbol{K}_2$ 的形式，而且有

$$\mathrm{per}(\boldsymbol{K}_2)\geqslant\mathrm{per}(\boldsymbol{K}_3)\geqslant\mathrm{per}(\boldsymbol{K})$$

从上面的证明可以看出经过一些变换后，矩阵 $\boldsymbol{K}$ 最终都可以化为 $\boldsymbol{K}_2$，而且 $\mathrm{per}(\boldsymbol{K}_2)\geqslant\mathrm{per}(\boldsymbol{K})$.

通过列变换，$\boldsymbol{K}_2$ 可以化为如下的形式

$$\boldsymbol{K}_4=\begin{pmatrix}0 & \cdots & 0 & & & & & & \\ 0 & & & 0 & \cdots & 0 & & & \\ & & & & & & \ddots & & \\ & & & & & & 0 & \cdots & 0\end{pmatrix}$$

其中空白部分的元素都是 1，且有 $\mathrm{per}(\boldsymbol{K}_4)=\mathrm{per}(\boldsymbol{K}_2)$.

现将 $K_{12}=0,K_{13}=0,\cdots,K_{11}=0$ 分别与 $K_{r+1,2}$, $K_{r+2,3},\cdots,K_{r+(i+1),t}=1$ 对换，得到矩阵 $\boldsymbol{K}_5$ 且有 $\operatorname{per}(\boldsymbol{K}_5)\geqslant\operatorname{per}(\boldsymbol{K}_4)$，对其他至少有两个 0 的行做相似的变换(若第 2 行只有两个元素为 0，则保持第 2 行不变). 通过有限次变换后，可得到 $\boldsymbol{A}_{\max}$ 而且有

$$\operatorname{per}(\boldsymbol{A}_{\max})\geqslant\operatorname{per}(\boldsymbol{K}_5)\geqslant\operatorname{per}(\boldsymbol{K}_4)\geqslant\operatorname{per}(\boldsymbol{K})$$

与假设 $\operatorname{per}(\boldsymbol{K})>\operatorname{per}(\boldsymbol{A}_{\max})$ 矛盾！故假设不成立. 即在 $U(n,n+1)$ 中，当矩阵组合等价于矩阵 $\boldsymbol{A}_{\max}$ 时，积和式取到最大值.

下面计算 $\boldsymbol{A}_{\max}$ 的值，对 $\boldsymbol{A}_{\max}$ 按第 2 行 Laplace 展开，则

$$\operatorname{per}(\boldsymbol{A}_{\max})=(n-2)\operatorname{per}(\boldsymbol{K}_6)$$

其中

$$\boldsymbol{K}_6=\begin{pmatrix}0&&&&\\&0&&&\\&&\ddots&&\\&&&0&\\&&&&1\end{pmatrix}_{(n-1)\times(n-1)}$$

而 $\boldsymbol{K}_6$ 的角元中有 $n-2$ 个0，空白处元素全为1. 由引理2，可以求得

$$\operatorname{per}(\boldsymbol{K}_6)=\sum_{k=0}^{n-2}(-1)^k\binom{n-2}{k}(n-1-k)!,n>2$$

故

$$\operatorname{per}(\boldsymbol{A}_{\max})=(n-2)\sum_{k=0}^{n-2}(-1)^k\binom{n-2}{k}\times(n-1-k)!,n>2$$

定理2 当 $n\geqslant5$ 时，在 $U(n,n+1)$ 中，当矩阵组合等价于 $\boldsymbol{A}_2$ 时，积和式取第二大值为

$$\begin{aligned}\operatorname{per}(\boldsymbol{A}_2)= & (n-4)\left[(n-5)\sum_{k=0}^{n-5}(-1)^k\binom{n-5}{k}(n-2-\right.\\ & \left.k)!+2\sum_{k=0}^{n-4}(-1)^k\binom{n-4}{k}(n-2-k)!\right]+\\ & \sum_{k=0}^{n-3}(-1)^k\binom{n-3}{k}(n-1-k)!+\\ & (n-4)\sum_{k=0}^{n-4}(-1)^k\binom{n-4}{k}(n-2-k)!\times\\ & 2\sum_{k=0}^{n-3}(-1)^k\binom{n-3}{k}(n-2-k)!\end{aligned}$$

其中

$$\boldsymbol{A}_2=\begin{pmatrix}0 & & & & & & \\ & 0 & & & & \boldsymbol{O} & \\ & & \ddots & & & & \\ & & & 0 & & & \\ & & & & 0 & & \\ & \boldsymbol{O} & & & & 0 & \\ & & & & & 1 & 1\end{pmatrix}$$

证明 根据定理 1 的证明过程中 $\boldsymbol{A}_{\max}$ 的结构可知，积和式的第二大值只可能是 $\boldsymbol{A}_2$ 或者 $\boldsymbol{A}_3$ 的积和式，其中 $\boldsymbol{A}_3$ 如下

$$\boldsymbol{A}_3=\begin{pmatrix}0 & & & & & & \\ & 0 & & & & \boldsymbol{O} & \\ & & \ddots & & & & \\ & & & 0 & & & \\ & & & & 0 & & \\ & \boldsymbol{O} & & & & 0 & \\ & & & & & 1 & 1\end{pmatrix}$$

这里只需要比较 $\operatorname{per}(\boldsymbol{A}_2)$ 和 $\operatorname{per}(\boldsymbol{A}_5)$ 的大小.

当 $n=5$ 时，$\operatorname{per}(\boldsymbol{A}_2)=32$，则 $\operatorname{per}(\boldsymbol{A}_3)=31$，有 $\operatorname{per}(\boldsymbol{A}_2)>\operatorname{per}(\boldsymbol{A}_3)$.

当 $n=6$ 时，$\operatorname{per}(\boldsymbol{A}_2)=206$，则 $\operatorname{per}(\boldsymbol{A}_3)=203$，有 $\operatorname{per}(\boldsymbol{A}_2)>\operatorname{per}(\boldsymbol{A}_3)$.

下证 $n\geqslant 7$ 时，$\operatorname{per}(\boldsymbol{A}_2)>\operatorname{per}(\boldsymbol{A}_3)$ 也成立. 设 $n\geqslant 7$，注意到 $\boldsymbol{A}_2$ 和 $\boldsymbol{A}_3$ 仅最后3行不同，而且对任意的 $\omega\in Q_{n3}$，有

$$\operatorname{per}(\boldsymbol{A}_2(n-2,n-1,n\mid\omega))=\operatorname{per}(\boldsymbol{A}_3(n-2,n-1,n\mid\omega))$$

并注意到 $\boldsymbol{A}_2(n-2,n-1,n\mid\omega)$ 的0在不同行不同列，由引理3知，对于这样的矩阵，0的个数相同则积和式相同. 用 $(P_k)_m$ 表示有 k 个对角元为0，其余所有元素为1的 m 阶矩阵. 记 $\tau=(n-2,n-1,n)$，考虑按最后3行展开：

(1) 当 $1\leqslant i<j<k<n-3$ 时

$$\operatorname{per}(\boldsymbol{A}_2[\tau\mid i,j,k])=6,\operatorname{per}(\boldsymbol{A}_3[\tau\mid i,j,k])=6$$

它们的余子矩阵都组合等价于 $(P_{n-6})_{n-3}$.

(2) 当 $1\leqslant i<j<n-3\leqslant k\leqslant n$ 时

$$\operatorname{per}(\boldsymbol{A}_2[\tau\mid i,j,n-3])=4$$

$$\operatorname{per}(\boldsymbol{A}_3[\tau\mid i,j,n-3])=6$$

它们的余子矩阵都组合等价于 $(P_{n-6})_{n-3}$.

$$\operatorname{per}(\boldsymbol{A}_2[\tau\mid i,j,n-2])=4$$

$$\operatorname{per}(\boldsymbol{A}_3[\tau\mid i,j,n-2])=4$$

$$\operatorname{per}(\boldsymbol{A}_2[\tau\mid i,j,n-1])=4$$

$$\operatorname{per}(\boldsymbol{A}_3[\tau\mid i,j,n-1])=2$$

$$\operatorname{per}(\boldsymbol{A}_2[\tau\mid i,j,n])=4$$

$$\operatorname{per}(\boldsymbol{A}_3[\tau\mid i,j,n])=4$$

它们的余子矩阵都组合等价于$(P_{n-5})_{n-3}$.

(3) 当$1 \leqslant i < n-3 \leqslant j < k \leqslant n$时

$$\mathrm{per}(\boldsymbol{A}_2[\tau \mid i, n-3, n-2]) = 2$$

$$\mathrm{per}(\boldsymbol{A}_3[\tau \mid i, n-3, n-2]) = 4$$

$$\mathrm{per}(\boldsymbol{A}_2[\tau \mid i, n-3, n-1]) = 3$$

$$\mathrm{per}(\boldsymbol{A}_3[\tau \mid i, n-3, n-1]) = 2$$

$$\mathrm{per}(\boldsymbol{A}_2[\tau \mid i, n-3, n]) = 4$$

$$\mathrm{per}(\boldsymbol{A}_3[\tau \mid i, n-3, n]) = 4$$

它们的余子矩阵都组合等价于$(P_{n-5})_{n-3}$.

$$\mathrm{per}(\boldsymbol{A}_2[\tau \mid i, n-2, n-1]) = 3$$

$$\mathrm{per}(\boldsymbol{A}_3[\tau \mid i, n-2, n-1]) = 3$$

$$\mathrm{per}(\boldsymbol{A}_2[\tau \mid i, n-2, n]) = 3$$

$$\mathrm{per}(\boldsymbol{A}_3[\tau \mid i, n-2, n]) = 3$$

$$\mathrm{per}(\boldsymbol{A}_2[\tau \mid i, n-1, n]) = 2$$

$$\mathrm{per}(\boldsymbol{A}_3[\tau \mid i, n-1, n]) = 1$$

它们的余子矩阵都组合等价于$(P_{n-4})_{n-3}$.

(4) 当$n-3 \leqslant i < j < k \leqslant n$时

$$\mathrm{per}(\boldsymbol{A}_2[\tau \mid n-3, n-2, n-1]) = 2$$

$$\mathrm{per}(\boldsymbol{A}_3[\tau \mid n-3, n-2, n-1]) = 1$$

$$\mathrm{per}(\boldsymbol{A}_2[\tau \mid n-3, n-2, n]) = 2$$

$$\mathrm{per}(\boldsymbol{A}_3[\tau \mid n-3, n-2, n]) = 3$$

$$\mathrm{per}(\boldsymbol{A}_2[\tau \mid n-3, n-1, n]) = 2$$

$$\mathrm{per}(\boldsymbol{A}_3[\tau \mid n-3, n-1, n]) = 1$$

它们的余子矩阵都组合等价于$(P_{n-4})_{n-3}$.

$$\mathrm{per}(\boldsymbol{A}_2[\tau \mid n-2, n-1, n]) = 2$$

$$\mathrm{per}(\boldsymbol{A}_3[\tau \mid n-2, n-1, n]) = 1$$

它们的余子矩阵都组合等价于$(P_{n-3})_{n-3}$. 这时有

$\mathrm{per}(\boldsymbol{A}_2) - \mathrm{per}(\boldsymbol{A}_3) =$

$$-2\mathrm{per}((P_{n-6})_{n-3})+4\mathrm{per}((P_{n-4})_{n-3})+$$
$$\mathrm{per}((P_{n-3})_{n-3})=$$
$$-2[\mathrm{per}((P_{n-5})_{n-3})+\mathrm{per}((P_{n-6})_{n-4})]+$$
$$4\mathrm{per}((P_{n-4})_{n-3})+\mathrm{per}((P_{n-3})_{n-3})=$$
$$-2\mathrm{per}((P_{n-5})_{n-3})-2\mathrm{per}((P_{n-6})_{n-4})+$$
$$4\mathrm{per}((P_{n-4})_{n-3})+\mathrm{per}((P_{n-3})_{n-3})=$$
$$-2[\mathrm{per}((P_{n-4})_{n-3})+\mathrm{per}((P_{n-5})_{n-4})]-$$
$$2\mathrm{per}((P_{n-6})_{n-4})+4\mathrm{per}((P_{n-4})_{n-3})+\mathrm{per}((P_{n-3})_{n-3})=$$
$$2\mathrm{per}((P_{n-4})_{n-3})-2\mathrm{per}((P_{n-5})_{n-4})-$$
$$2\mathrm{per}((P_{n-6})_{n-4})+\mathrm{per}((P_{n-5})_{n-4})=$$
$$2[(n-5)\mathrm{per}((P_{n-6})_{n-4})+\mathrm{per}((P_{n-5})_{n-4})]-$$
$$2\mathrm{per}((P_{n-5})_{n-4})-2\mathrm{per}((P_{n-6})_{n-4})+$$
$$\mathrm{per}((P_{n-3})_{n-3})=$$
$$(2n-12)\mathrm{per}((P_{n-6})_{n-4})+\mathrm{per}((P_{n-3})_{n-3})>0$$

注 当 $n=4$ 时,$\mathrm{per}(\boldsymbol{A})_{\max}=\mathrm{per}(\boldsymbol{A}_2)=\mathrm{per}(\boldsymbol{A}_3)=6$.

定理 3 当 $n\geqslant 5$ 时,矩阵组合等价于 $\boldsymbol{A}_3$ 时,在 $U(n,n+1)$ 中,积和式取第三大值为

$$\mathrm{per}(\boldsymbol{A}_3)=(n-3)\Big[(n-4)\sum_{k=0}^{n-5}(-1)^k\times \binom{n-5}{k}(n-2-k)!+\sum_{k=0}^{n-4}(-1)^k\binom{n-4}{k}(n-2-k)!\Big]$$

证明 由定理 2 的证明可以直接得到当 $n\geqslant 5$ 时,矩阵组合等价于 $\boldsymbol{A}_5$ 时,在 $U(n,n+1)$ 中积和式取第三大值.

下面计算 $\mathrm{per}(\boldsymbol{A}_3)$ 的值. 对 $\mathrm{per}(\boldsymbol{A}_3)$ 按第 $n-1$ 行

展开,则有

$$\operatorname{per}(\boldsymbol{A}_3)=(n-3)\operatorname{per}(\boldsymbol{A}'_3)+\operatorname{per}(\boldsymbol{A}''_3)=$$

$$(n-3)\left[(n-4)\sum_{k=0}^{n-5}(-1)^k\times\binom{n-5}{k}(n-2-k)!+\sum_{k=0}^{n-4}(-1)^k\binom{n-4}{k}(n-2-k)!\right]$$

其中

$$\boldsymbol{A}'_3=\begin{pmatrix}0 & & & & \\ & 0 & & \boldsymbol{0} & \\ & & \ddots & & \\ & & & 0 & \\ & \boldsymbol{1} & & 1 & \\ & & & & 1\end{pmatrix}_{(n-1)\times(n-1)}$$

$$\boldsymbol{A}''_3=\begin{pmatrix}0 & & & & \\ & 0 & & \boldsymbol{1} & \\ & & \ddots & & \\ & & & 0 & \\ & \boldsymbol{1} & & 0 & \\ & & & & 1\end{pmatrix}_{(n-1)\times(n-1)}$$

参考文献

[1] MUIR T. On a class of pemanent symmetric functions[J]. Proc Roy Soc Edinburgh, 1882 (11): 409-418.

[2] BRUALDI R A, GOLDWASSER J L, MICHAEL T S. Maximum pemanents of matrices of zeros and ones[J]. J. Combin. Theory Ser A, 1988,47(2): 207-245.

[3] JERUM M, SINCLAIR A. Approximating the permanent[J]. SIAM J, Computing,1989(19):1 149-1 178.

[4] SONG S, HWANG S R, IM S, et al. Extremes of permanents of (01)-matrices[J]. Linear Algebra Appls, 2003(373),197-210.

积和式的几种常用计算方法

第12章

1. 预备知识

积和式是法国著名数学家 Binet 和 Cauchy 在 1812 年引入的，数学家 Thomasmuir 在 1882 年创造了术语“积和式”来表示定义在阶矩阵上的下列函数

$$\operatorname{per}(\boldsymbol{A})=\sum_{(\sigma_1\cdots\sigma_n)\in S_n}a_{1\sigma_1}a_{2\sigma_2}\cdots a_{n\sigma_n}$$

这里 S_n 表示 n 次对称群,等式右方称为积和式的展开式.

2. 主要结果及应用举例

由文献[1,2,3]可知:

积和式的计算非常困难,原因在于积和式不存在行列式计算中的如下两条性质:

(1) $\det \boldsymbol{AB} = \det \boldsymbol{A} \det \boldsymbol{B}$;

(2) 对行列式的某一行(列)乘上一个常数加到另一行上,行列式的值不变.

湖北理工学院数理学院的李慧教授在 2000 年类比了计算行列式的常用方法,以例题的形式提出计算某些积和式的常用方法.

1. 利用定义计算积和式

例 1　计算积和式

$$\operatorname{per}\begin{pmatrix}0&0&1&1&1\\1&0&0&1&1\\1&1&0&0&1\\1&1&1&0&0\\0&1&1&1&0\end{pmatrix}$$

解　按定义,共有 $5! = 120$ 项,但只有其中的 13 项不为 0,每项均为 1. 所以原式 = 13.

2. 利用按行(列)展开降阶计算积和式

例 2　计算积和式

$$\operatorname{per}\begin{pmatrix}0&0&1&1&1\\1&0&0&1&1\\1&1&0&0&1\\1&1&1&0&0\\0&1&1&1&0\end{pmatrix}$$

解　按五阶矩阵积和式展开计算. 按第 1 行展开,原式为

$$\operatorname{per}\begin{pmatrix}1&0&1&1\\1&1&0&1\\1&1&0&0\\0&1&1&0\end{pmatrix}+\operatorname{per}\begin{pmatrix}1&0&0&1\\1&1&0&1\\1&1&1&0\\0&1&1&0\end{pmatrix}+$$

$$\operatorname{per}\begin{pmatrix}1&0&0&1\\1&1&0&0\\1&1&1&0\\0&1&1&1\end{pmatrix}$$

分别计算如下

$$\operatorname{per}\begin{pmatrix}1&0&1&1\\1&1&0&1\\1&1&0&0\\0&1&1&0\end{pmatrix}\overset{\text{按第 3 行展开}}{=\!=\!=\!=}$$

$$\operatorname{per}\begin{pmatrix}0&1&1\\1&0&1\\1&1&0\end{pmatrix}+\operatorname{per}\begin{pmatrix}1&1&1\\1&0&1\\0&1&0\end{pmatrix}=2+2=4$$

类似地

$$\operatorname{per}\begin{pmatrix}1&0&0&1\\1&1&0&1\\1&1&1&0\\0&1&1&0\end{pmatrix}=5$$

$$\operatorname{per}\begin{pmatrix}1&0&0&1\\1&1&0&0\\1&1&1&0\\0&1&1&1\end{pmatrix}=4$$

所以原式 = 13.

3. 利用递推关系降阶求解积和式

与行列式类似,有些矩阵的积和式可按其中的某行(列)展开得到递推关系式,从而可以降阶求解.

例 3 计算阶积和式

$$\mathrm{per}(\boldsymbol{A})=\mathrm{per}\begin{pmatrix} x & 1 & 0 & \cdots & 0 & 0 \\ 0 & x & 1 & \cdots & 0 & 0 \\ \vdots & \vdots & \vdots & & \vdots & \vdots \\ 0 & 0 & 0 & \cdots & x & 1 \\ a_n & a_{n-1} & a_{n-2} & \cdots & a_2 & x+a_1 \end{pmatrix}$$

$\Delta_n=\mathrm{per}(\boldsymbol{A})$ 按第 1 列展开,得

$$\Delta_n=x\cdot\mathrm{per}\begin{pmatrix} x & 1 & 0 & \cdots & 0 & 0 \\ 0 & x & 1 & \cdots & 0 & 0 \\ \vdots & \vdots & \vdots & & \vdots & \vdots \\ 0 & 0 & 0 & \cdots & x & 1 \\ a_n & a_{n-1} & a_{n-2} & \cdots & a_2 & x+a_1 \end{pmatrix}+$$

$$a_n\cdot\mathrm{per}\begin{pmatrix} 1 & 0 & \cdots & 0 & 0 \\ x & 1 & \cdots & 0 & 0 \\ \vdots & \vdots & & \vdots & \vdots \\ 0 & 0 & \cdots & x & 1 \end{pmatrix}=$$

$$x\Delta_{n+1}+a_n$$

即对于任意 $n\geqslant 2$,都有

$$\Delta_n=x\Delta_{n-1}+a_n,n\geqslant 2$$

因此

$$\begin{aligned}\Delta_n&=x(x\Delta_{n-2}+a_{n-1})+a_n=\\&x^2\Delta_{n-2}+a_{n-1}x+a_n=\\&x^2(x\Delta_{n-3}+a_{n-2})+a_{n-1}x+a_n=\cdots=\\&x^{n-1}\Delta_1+a_2x^{n-2}+a\cdots a_{n-1}x+a_n\end{aligned}$$

而

$$\Delta_1=\mathrm{per}(x+a_1)=x+a_1$$

故

$$\mathrm{per}(\boldsymbol{A})=\Delta_n=x^n+a_1x^{n-1}+\cdots+a_{n-1}x+a_n$$

参考文献

[1] 王恒亮,汤秀芳. 积和式的性质与应用[J]. 通化师范学院学报, 2006,27(4):10-12.

[2] 李可峰, 王玉芝, 袁刚. 积和式[J]. 聊城大学学报,2003, 25(3):15-23.

[3] 陈文华. 计算行列式的几种特殊方法[J]. 保山学院学报,2009, 25(2):17-19.

第 二 编

双随机矩阵

第13章 定义与早期结果

本章研究双随机矩阵,它是在数学和物理科学的许多领域中如线性代数、不等式论、矩阵组合论、组合学、概率论、物理化学等,有着重要应用的一类非负矩阵.

定义1 如果实矩阵的每个行和与列和都是1,则称为拟双随机的. 非负的拟双随机矩阵称为双随机的. $n \times n$ 双随机矩阵的集合记为 $\boldsymbol{Q}_n$.

显然,拟双随机矩阵必是方阵,从定义可得,$n \times n$ 矩阵 $\boldsymbol{A}$ 是拟双随机的当且仅当1是 $\boldsymbol{A}$ 的特征值,$(1,\cdots,1)$ 是 $\boldsymbol{A}$ 和 $\boldsymbol{A}^{\mathrm{T}}$ 的对应于该特征值的特征向量. 这样,非负 $n \times n$ 矩阵 $\boldsymbol{A}$ 是双随机的当且仅当

$$\boldsymbol{A}\boldsymbol{J}_n = \boldsymbol{J}_n\boldsymbol{A} = \boldsymbol{J}_n$$

其中 $\boldsymbol{J}_n$ 是一切元素为$\frac{1}{n}$的 $n \times n$ 矩阵.

我们从 Kǒnig 和 Schur 的两个有趣的早期结果开始讨论.

定理 1(Kǒnig)　每个双随机矩阵都有正对角线.

证明　如果 $\boldsymbol{A} \in \boldsymbol{Q}_n$ 没有正对角线,则 $\boldsymbol{A}$ 的积和式为零,从而由 Frobenius-Kǒnig 定理,存在置换矩阵 $\boldsymbol{P}$ 和 $\boldsymbol{Q}$ 使得

$$\boldsymbol{PAQ} = \begin{pmatrix} \boldsymbol{B} & \boldsymbol{C} \\ \boldsymbol{O} & \boldsymbol{D} \end{pmatrix}$$

其中左下角的零块是$p \times q$的,$p+q=n+1$. 令$\sigma(\boldsymbol{X})$表示矩阵 $\boldsymbol{X}$ 的元素的和,则

$$n = \sigma(\boldsymbol{PAQ}) \geqslant \sigma(\boldsymbol{B}) + \sigma(\boldsymbol{D}) = p + q = n + 1$$

这个矛盾证明定理成立.

推论 1　双随机矩阵的积和式是正的.

定理 2(Schur)　设$\boldsymbol{H} = (h_{ij})$是有特征值$\lambda_1, \cdots, \lambda_n$的 $n \times n$ 埃米特矩阵,并且 $\boldsymbol{h} = (h_{11}, \cdots, h_{nn})^{\mathrm{T}}$ 和 $\boldsymbol{\lambda} = (\lambda_1, \cdots, \lambda_n)^{\mathrm{T}}$,则存在双随机矩阵 $\boldsymbol{S}$,使得 $\boldsymbol{h} = \boldsymbol{S}\lambda$.

证明　令 $\boldsymbol{U} = (u_{ij})$ 是酉矩阵,使得

$$\boldsymbol{H} = \boldsymbol{U}\mathrm{diag}(\lambda_1, \cdots, \lambda_n)\boldsymbol{U}^*$$

则

$$h_{ii} = \sum_{t=1}^{n} u_{it}\lambda^t \overline{u}_{it} = \sum_{t=1}^{n} | u_{it} |^2 \boldsymbol{\lambda}_t = \sum_{t=1}^{n} S_{it}\lambda_t, i = 1, \cdots, n$$

其中 $S_{it} | u_{it} |^2 i, t = 1, \cdots, n$. 显然,$n \times n$ 矩阵 $\boldsymbol{S} = (s_{ij})$ 是双随机的. 结论得证.

定义 2　(1) 如果存在(实)正交矩阵 $\boldsymbol{T}=(t_{ij})$ 使得 $a_{ij}=T_{ij}^2(i,j=1,\cdots,n)$，则 $n\times n$ 矩阵 $\boldsymbol{A}=(a_{ij})$ 称为正交随机的.

(2) 如果存在酉矩阵 $\boldsymbol{U}=(u_{ij})$，使得对一切的 i 和 j 有 $a_{ij}=|u_{ij}|^2$，则 $n\times n$ 矩阵 $\boldsymbol{A}=(a_{ij})$ 称为 Schur 随机的(或酉随机的).

定理 2 的矩阵 $\boldsymbol{S}$ 是 Schur 随机的. 显然，每个正交随机矩阵是 Schur 随机的；每个 Schur 随机矩阵是双随机的. 反之，并非每个双随机矩阵是 Schur 随机的，也并非每个 Schur 随机矩阵是正交随机的.

例 1　(1) 双随机矩阵

$$\boldsymbol{A}=(a_{ij})=\frac{1}{2}\begin{pmatrix}0&1&1\\1&0&1\\1&1&0\end{pmatrix}$$

不是Schur随机的，因为，如果 $\boldsymbol{U}=(u_{ij})$ 是任意 3×3 矩阵，使得 $a_{ij}=|u_{ij}|^2(i,j=1,2,3)$，则 $u_{11}=u_{22}=u_{33}=0$. 但由于 u_{13} 和 $\bar{u}_{23}$ 的模都是 $\frac{1}{\sqrt{2}}$，$u_{11}\bar{u}_{21}+u_{12}\bar{u}_{22}+u_{13}\bar{u}_{23}=u_{13}\bar{u}_{23}\neq 0$，这样，$\boldsymbol{U}$ 不能是酉的，$\boldsymbol{A}$ 不是 Schur 随机的.

(2) 双随机矩阵 $\boldsymbol{J}_3$ 是 Schur 随机的，因为，如果 $\boldsymbol{U}=(u_{ij})$ 是酉矩阵

$$\frac{1}{\sqrt{3}}\begin{pmatrix}1&1&1\\1&\theta&\theta^2\\\theta&1&\theta^2\end{pmatrix}$$

其中 θ 是1的三次原根，则 $|u_{ij}|^2=\frac{1}{3}$，对一切的 i,j 成立. 然而，$\boldsymbol{J}_3$ 不是正交随机的，因为如果 $\boldsymbol{T}=(t_{ij})$ 是实

3×3 矩阵，使得 $T_{ij}^2 = \frac{1}{3}$ 对一切的 i, j 成立，则 $t_{11}t_{21} + t_{12}t_{22} + t_{13}t_{23}$ 不能为零（它等于 -1，或 $-\frac{1}{3}$，或 $\frac{1}{3}$，或 1），从而，$\boldsymbol{T}$ 不是正交的.

我们指出，双随机矩阵的下一性质.

引理 1 双随机矩阵的积是双随机的.

因为，如果 $\boldsymbol{A}$ 和 $\boldsymbol{B}$ 是双随机 $n \times n$ 矩阵（从而 $\boldsymbol{A}\boldsymbol{J}_n = \boldsymbol{J}_n\boldsymbol{A} = \boldsymbol{B}\boldsymbol{J}_n = \boldsymbol{J}_n\boldsymbol{B} = \boldsymbol{J}_n$），则它们的积是非负的，并且

$$(\boldsymbol{AB})\boldsymbol{J}_n = \boldsymbol{A}(\boldsymbol{B}\boldsymbol{J}_n) = \boldsymbol{A}\boldsymbol{J}_n = \boldsymbol{J}_n$$

$$\boldsymbol{J}_n(\boldsymbol{AB}) = (\boldsymbol{J}_n\boldsymbol{A})\boldsymbol{B} = \boldsymbol{J}_n\boldsymbol{B} = \boldsymbol{J}_n$$

因此，$\boldsymbol{AB}$ 是双随机的. 不难看出，结论对于任意一个双随机矩阵的积也成立.

定义 3 有 $n-2$ 个主对角线元素等于 1 的对称双随机 $n \times n$ 矩阵叫作初等双随机矩阵. 换而言之，如果对某个整数 $s, t, 1 \leqslant s < t \leqslant n$，实数 θ 满足 $0 \leqslant \theta \leqslant 1$，$a_{ss} = a_{tt} = 1 - \theta$，$a_{st} = a_{ts} = \theta$，其余 $a_{ij} = \delta_{ij}$，则 $\boldsymbol{A} = (a_{ij}) \in \boldsymbol{\Omega}$ 是初等的.

由引理 1 可以得到初等双随机矩阵的积是双随机的. 然而，其逆不真：并非每个双随机矩阵都可以表示为初等双随机矩阵的积. 例如，例 1(1) 的双随机矩阵 $\boldsymbol{A}$ 既不是初等双随机矩阵，也不是这种矩阵的积.

可约的和非本原的不可约双随机矩阵有特殊的结构性质.

定理 3 可约的双随机矩阵同步于双随机矩阵的直和.

证明 设 $\boldsymbol{A}$ 是可约的 $n \times n$ 双随机矩阵，则 $\boldsymbol{A}$ 同步于下面形式的矩阵

$$B=\begin{pmatrix} X & Y \\ O & Z \end{pmatrix}$$

其中 X 是 k 阶方阵, Z 是 $n-k$ 阶方阵. 显然, B 是双随机的. B 的前 k 列的元素和为 k, 且在这些列中一切非零元素包含在 X 中. 因此

$$\sigma(X)=k$$

同理, 考虑 B 的后 $n-k$ 行, 可以推出

$$\sigma(Z)=n-k$$

但

$$n=\sigma(B)=\sigma(X)+\sigma(Y)+\sigma(Z)=$$
$$k+\sigma(Y)+n-k=n+\sigma(Y)$$

因此

$$\sigma(T)=0$$

于是

$$Y=\mathbf{0}$$

即 A 同步于 $B=X+Z$, 其中 X 和 Z 显然是双随机的.

在上面的证明中, 若 X 和 Z 之一又是可约的, 则它也同步于一个双随机矩阵的直和. 由此得出下面的结论:

推论 1　一个可约双随机矩阵同步于一些不可约双随机矩阵的直和.

推论 2　双随机矩阵的对应于最大特征值 1 的初等因子是线性的.

同样可以证明下列关于部分可分解的双随机矩阵的类似结果.

推论 3　一个部分可分解的双随机矩阵 p - 等价于一些双随机矩阵的直和.

推论 4　一个部分可分解的双随机矩阵 p - 等价于一些完全不可分解的双随机矩阵的直和.

下列属于 Marcus, Minc 和 Moyls 的定理, 描述了非本原不可约的双随机矩阵的结构.

定理 4 设 $\boldsymbol{A}$ 是非本原性指标为 h 的不可约双随机矩阵,则 h 整除 n,且矩阵 $\boldsymbol{A}$ 同步于下面形式的上对角形矩阵

$$\begin{pmatrix} 0 & \boldsymbol{A}_{12} & 0 & \cdots & 0 \\ 0 & 0 & \boldsymbol{A}_{23} & \cdots & 0 \\ \hdashline 0 & 0 & \cdots & 0 & \boldsymbol{A}_{h-1,h} \\ A_{h1} & 0 & \cdots & 0 & 0 \end{pmatrix} \tag{1}$$

其所有块都是$\left(\dfrac{n}{h}\right)$阶方阵.

证明 $\boldsymbol{A}$ 同步于(1)形式的分块矩阵,其主对角线上的零块是方的. 显然,块 $\boldsymbol{A}_{12},\boldsymbol{A}_{23},\cdots,\boldsymbol{A}_{h-1,h},\boldsymbol{A}_{h1}$ 必全是双随机的,从而是方阵. 但这又推出主对角线上的零块有相同的阶,于是结论得证.

推论 1 一个双随机矩阵 p – 等价于一些本原矩阵的直和.

第14章 Muirhead 定理与 Hardy, Littlewood 和 Polya 定理

我们引入下面的符号，如果 $r=(r_1,\cdots,r_n)$ 是一个实 n 元素组，则 $r^*=(r_1^*,\cdots,r_n^*)$ 表示按不增顺序重新排列的 n 元数组 $r_1^*\geqslant\cdots\geqslant r_n^*$.

定义 1　如果对于 $k=1,\cdots,n-1$ 有

$$\alpha_1^*+\alpha_2^*+\cdots+\alpha_k^*\leqslant\beta_1^*+\beta_2^*+\cdots+\beta_k^*$$

且

$$\alpha_1+\alpha_2+\cdots+\alpha_n=\beta_1+\beta_2+\cdots+\beta_n$$

则非负 n 元数组 $\beta=(\beta_1,\beta_2,\cdots,\beta_n)$ 称为优于非负 n 元数组 $\alpha=(\alpha_1,\alpha_2,\cdots,\alpha_n)$，记作 $\alpha<\beta$.

在非负 n 元数组的“优于性”这一领域中有一个重要而优美且在不少数学领域有众多应用的结果归功于 Muirhead.

定理 1　设 $C=(c_1,\cdots,c_n)$ 是 n 元正数组；$\alpha=(a_1,\cdots,\alpha_n)$ 和 $\beta=(\beta_1,\cdots,\beta_n)$ 是 n 元非负整数组，设 $\boldsymbol{A}(C)$ 和 $\boldsymbol{B}(C)$ 是 $n\times n$ 矩阵，它们的 (i,j) 元数分别是 $C^{\alpha_i j}$ 和 $C^{\beta_i j}$，则 $\alpha<\beta$，当且仅当对于一切正 n 元数组 C

$$\mathrm{per}(\boldsymbol{A}(C))\leqslant \mathrm{per}(\boldsymbol{B}(C))$$

定理 1 的证明延后到本节末.

注　Hardy，Littlewood 和 Polya 把 Muirhead 定理推广到任意 n 元非负数组，并且还证明了下一结果.

定理 2　设 α 和 β 是实的 n 元非负数组，则 $\alpha<\beta$ 当且仅当存在一个双随机 $n\times n$ 矩阵 $\boldsymbol{S}$，使得

$$\alpha=\boldsymbol{S}\beta$$

首先证明下列两个引理.

引理 1　如果 $\alpha=(\alpha_1,\cdots,\alpha_n)$ 和 $\beta=(\beta_1,\cdots,\beta_n)$ 是 n 元非负数组，则

$$\sum_{i=1}^{n}\alpha_i\beta_i\leqslant\sum_{i=1}^{n}\alpha_i^*\beta_i^* \tag{1}$$

证明　不失一般性，可令 $\alpha=\alpha^*$，假设对于某个 $s<t$，$\beta_s<\beta_t$，则

$$(\alpha_s\beta_t+\alpha_t\beta_s)-(\alpha_s\beta_s+\alpha_t\beta_t)=(\alpha_s-\alpha_t)\times(\beta_t-\beta_s)\geqslant 0$$

换而言之，当对换 β_s 与 β_t 时，式(1) 左端的和是不减少的. 经有限次这样的对换后将得到式(1) 右端的和.

引理 2　设 k 和 n 是正整数，$k\leqslant n$；$c_1,\cdots,c_n$，$d_1,\cdots,d_n$ 是非负数，满足 $c_i\leqslant 1$，$i=1,\cdots,n$，有

$$\sum_{t=1}^{n}c_i=k \text{ 和 } d_1\geqslant d_2\geqslant\cdots\geqslant d_n\geqslant 0$$

则

$$\sum_{t=1}^{n}c_id_i\leqslant\sum_{i=1}^{k}d_i$$

这个引理直观上几乎是显然的. 尽管如此,这里我们仍给出一个正式的证明.

证明　我们有

$$\sum_{i=1}^{k} d_i - \sum_{t=1}^{n} c_i d_i = \sum_{i=1}^{k}(1-c_i)d_i - \sum_{i=k+1}^{n} c_i d_i \geqslant$$
$$\sum_{i=1}^{k}(1-c_i)d_k - \sum_{i=k+1}^{n} c_i d_k =$$
$$d_k(k - \sum_{i=1}^{k} c_i) - d_k \sum_{i=k=1}^{n} c_i = 0$$

定理 2 的证明　令 $\alpha = S\beta$,不失一般性,设 $\alpha = \alpha^*$,k 是任意整数,$1 \leqslant k \leqslant n$,则

$$\sum_{i=1}^{k} \alpha_i^* = \sum_{i=1}^{k}\sum_{j=1}^{n} S_{ij}\beta_j = \sum_{j=1}^{n} c_{kj}\beta_j$$

其中 $c_{kj} = \sum_{i=1}^{k} S_{ij} \leqslant 1$,并且由于 $\sum_{j=1}^{n} c_{kj}$ 是双随机矩阵的前 k 行元素的和,故 $\sum_{j=1}^{n} c_{kj} = k$. 由引理 1 和引理 2 有

$$\sum_{j=1}^{n} c_{kj}\beta_j \leqslant \sum_{j=1}^{n} c_{kj}^*\beta_j^* \leqslant \sum_{j=1}^{n} \beta_j^*$$

因此,对 $k = 1,2,\cdots,n-1$,有

$$\sum_{i=1}^{k} \alpha_i^* \leqslant \sum_{i=1}^{k} \beta_1^*$$

然而

$$\sum_{t=1}^{n} \alpha_i = \sum_{i=1}^{n}\sum_{j=1}^{n} S_{ij}\beta_j = \sum_{j=1}^{n}\beta_j \sum_{i=1}^{n} S_{ij} = \sum_{j=1}^{n}\beta_j$$

所以 $\alpha \prec \beta$.

现在,假设 $\alpha \prec \beta$. 要证明存在一个双随机矩阵 S,使得 $\alpha = S\beta$. 显然,只要对某个 $S \in \Omega_n$,证明 $\alpha^* = S\beta^*$ 就够了. 因为,如果 $\alpha^* = P\alpha$ 和 $\beta^* = Q\beta$,其中 P 和 Q 是

置换矩阵，则$\boldsymbol{\alpha}=(\boldsymbol{P}^{\mathrm{T}}\boldsymbol{SQ})\beta$，$\boldsymbol{P}^{\mathrm{T}}\boldsymbol{SQ}\in\Omega_n$，因此可以认为$\alpha=\alpha^*$和$\beta=\beta^*$. 假设$\beta\neq\beta^*$，称$\beta^*-\alpha^*$所对应的非零数为$\alpha$与$\beta$的偏离，并以$\delta(\alpha,\beta)$记之. 因为$\alpha^*\neq\beta^*$，显然$\delta(\alpha,\beta)\geqslant 2$. 由于$\sum\limits_{i=1}^{n}(\alpha_i-\beta_i)=0$，且不是一切差都能为零，故某些差是正的而某些差是负的. 设t是使得$\alpha_t>\beta_t$成立的最小下标，s是小于t的使$\alpha_s<\beta_s$成立的最大下标. 于是，有

$$\alpha_s<\beta_s,\alpha_{s+1}=\beta_{s+1},\alpha_{t-1}=\beta_{t-1},\alpha_t>\beta_t \tag{2}$$

设$\boldsymbol{S}_1$是初等双随机$n\times n$矩阵，在(s,s)和(t,t)元素为θ，在(s,t)和(t,s)元素为$1-\theta$，则

$$(\boldsymbol{S}_1\beta)_s=\theta\beta_s+(1-\theta)\beta_t$$

$$(\boldsymbol{S}_1\beta)_t=(1-\theta)\beta_s+\theta\beta_t$$

$$(\boldsymbol{S}_1\beta)_i=\beta_i$$

对一切其他的i选取θ的两个值如下

$$\theta_1=\frac{(\alpha_s-\beta_t)}{(\beta_s-\beta_t)},\theta_2=\frac{(\beta_s-\alpha_t)}{(\beta_s-\beta_t)}$$

由于$\beta_s>\alpha_s\geqslant\alpha_t>\beta_t$，$\theta_1,\theta_2$都在区间$(0,1)$内，如果$\theta=\theta_1$，则

$$(\boldsymbol{S}_1\beta)_s=\alpha_s,(\boldsymbol{S}_1\beta)_t=\beta_s-\alpha_s+\beta_t$$

如果$\theta=\theta_2$，则

$$(\boldsymbol{S}_1\beta)_s=\beta_s-\alpha_t+\beta_t,(\boldsymbol{S}_1\beta)_t=\alpha_t$$

从而在这两种情况下，只要$\boldsymbol{S}_1\beta=(\boldsymbol{S}_1\beta)^*$，$\alpha$与$\boldsymbol{S}_1\beta$的偏离都小于$\delta(\alpha,\beta)$. 当$\theta=\theta_1$时，如果

$$\beta_{t-1}\geqslant\beta_s-\alpha_s+\beta_t\geqslant\beta_{t+1} \tag{3}$$

当$\theta=\theta_2$时，如果

$$\beta_{s-1}\geqslant\beta_s-\alpha_t+\beta_t\geqslant\beta_{s+1} \tag{4}$$

则成立$\boldsymbol{S}_1\beta=(\boldsymbol{S}_1\beta)^*$. 由于$\beta_t+(\beta_s-\alpha_s)>\beta_t\geqslant\beta_{t+1}$

和$\beta_s-(\alpha_t-\beta_t)<\beta_s\leqslant\beta_{s-1}$,式(3)右边的不等式和式(4)左边的不等式显然成立.假设式(3)左端的不等式不成立,即

$$\beta_{t-1}<\beta_s-\alpha_s+\beta_t$$

则

$$\begin{aligned}\beta_s-\alpha_t+\beta_t>\beta_{t-1}+\alpha_s-\alpha_t=\\ \alpha_{t-1}+\alpha_s-\alpha_t\geqslant\\ \alpha_s\geqslant\alpha_{s+1}=\beta_{s+1}\end{aligned}$$

从而式(4)成立.类似地可以证明,如果式(4)的右端不等式不成立,则式(3)左端不等式成立.总之可以推出,适当选取$\theta=\theta_1$或θ_2,有

$$\delta(\alpha,\boldsymbol{S}_1\beta)<\delta(\alpha,\beta),\alpha\prec\boldsymbol{S}_1\beta\text{ 和}(\boldsymbol{S}_1\beta)^*=\boldsymbol{S}_1\beta$$

继续使用相同的方式,便可求得一序列的双随机矩阵$\boldsymbol{S}_1,\cdots,\boldsymbol{S}_k$,使得偏离$\delta(\alpha,\boldsymbol{S}_k\boldsymbol{S}_{k-1}\cdots\boldsymbol{S}_1\beta)$为零,即$\alpha=\boldsymbol{S}_k\boldsymbol{S}_{k-1}\cdots\boldsymbol{S}_1\beta$.再令$\boldsymbol{S}=\boldsymbol{S}_k\boldsymbol{S}_{k-1}\cdots\boldsymbol{S}_1$,且由第13章引理1知,$\boldsymbol{S}$是双随机的.

定理2的证明方法,可用下面的例子加以说明.对于给定的满足$\alpha\prec\beta$的5元非负数组α和β,求一个"平均"双随机矩阵$\boldsymbol{S}$,使得$\alpha=\boldsymbol{S}\beta$,本例也证明除$(\boldsymbol{S}_1\beta)^*=\boldsymbol{S}_1\beta$外,以$\boldsymbol{S}_1\beta$代替$\beta$,偏离可能不减少.

例1　设$\alpha=(9,6,5,4,4)$,$\beta=(10,10,5,2,1)$,则$\alpha\prec\beta$,求一个双随机矩阵$\boldsymbol{S}$,使得$\alpha=\boldsymbol{S}\beta$.

使用前一定理证明的记号,有$t=4$,$s=2$,令

$$\boldsymbol{S}_1=\begin{pmatrix}1&0&0&0&0\\0&\theta&0&1-\theta&0\\0&0&1&0&0\\0&1-\theta&0&\theta&0\\0&0&0&0&1\end{pmatrix}$$

如果取$\theta=\theta_1=\dfrac{\alpha_2-\beta_4}{\beta_2-\beta_4}=\dfrac{1}{2}$,则$(\boldsymbol{S}_1\beta_2)=(\boldsymbol{S}_1\beta)_4=6$,$\boldsymbol{S}_1\beta=(10,6,5,6,1)$. 于是$(\boldsymbol{S}_1\beta)^*=(10,6,6,5,1)$,$\delta(\alpha,\boldsymbol{S}_1\beta)=\delta(\alpha,\beta)=4$. 再试取$\theta=\theta_2=\dfrac{\beta_2-\alpha_4}{\beta_2-\beta_4}=\dfrac{3}{4}$,则$(\boldsymbol{S}_1\beta)_4=\boldsymbol{S}\alpha_4=4$,$\boldsymbol{S}_1\beta=(10,8,5,4,1)$. 此时,$\delta(\alpha,\boldsymbol{S}_1\beta)=3<\delta(\alpha,\beta)$. 当然,一次出现偏离的减少是由定理保证的.

将此过程继续下去,令

$$\boldsymbol{S}_2=\begin{pmatrix}1&0&0&0&0\\0&\theta&0&0&1-\theta\\0&0&1&0&0\\0&0&0&1&0\\0&1-\theta&0&0&\theta\end{pmatrix}$$

并试取$\theta_1=\theta_1'=\dfrac{\alpha_2-(\boldsymbol{S}_1\beta)_5}{(\boldsymbol{S}_1\beta)_2-(\boldsymbol{S}_1\beta_5)}=\dfrac{5}{7}$,则$\boldsymbol{S}_2\boldsymbol{S}_1\beta=(10,6,5,6,1)$,再一次出现失败:$\delta(\alpha,\boldsymbol{S}_2\boldsymbol{S}_1\beta)=\delta(\alpha,\boldsymbol{S}_1\beta)$. 另取$\theta=\theta_2'=\dfrac{(\boldsymbol{S}_1\beta)_2-\alpha_5}{(\boldsymbol{S}_1\beta)_2-(\boldsymbol{S}_1\beta)_5}=\dfrac{4}{7}$,得出$\boldsymbol{S}_2\boldsymbol{S}_1\beta=(10,5,5,4,4)$并且对于$\theta$的这个选值,有$\delta(\alpha,\boldsymbol{S}_2\boldsymbol{S}_1\beta)=2<\delta(\alpha,\boldsymbol{S}_1\beta)$.

最后,我们令

$$\boldsymbol{S}_3=\begin{pmatrix}\theta&1-\theta\\1-\theta&\theta\end{pmatrix}+\boldsymbol{I}_3$$

和$\theta=\theta_2''=\dfrac{4}{5}$,则$\boldsymbol{S}_3\boldsymbol{S}_2\boldsymbol{S}_1\beta=(9,6,5,4,4)=\alpha$,因此$\alpha=\boldsymbol{S}\beta$,其中

$$S = S_3S_2S_1 = \frac{1}{140}\begin{pmatrix} 112 & 12 & 0 & 4 & 12 \\ 28 & 48 & 0 & 16 & 48 \\ 0 & 0 & 140 & 0 & 0 \\ 0 & 35 & 0 & 105 & 0 \\ 0 & 45 & 0 & 15 & 80 \end{pmatrix}$$

现在着手证明在 Hardy,Littlewood 和 Polya 的更一般形式(见定理2前面的注)下的定理1. 其中α和β假设仅为n元非负数组,我们需要下列引理:

引理3 设$C = (c_1,\cdots,c_n)$是n元正数组,$\beta = (\beta_1,\cdots,\beta_n)$是$n$元非负数组. 令$\boldsymbol{T}$是初等双随机矩阵,$\boldsymbol{T}\beta = \alpha = (\alpha_1,\cdots,\alpha_n)$;$\boldsymbol{A}(C)$和$\boldsymbol{B}(C)$是同定理1中一样定义的矩阵,则

$$\operatorname{per}(\boldsymbol{A}(C)) \leqslant \operatorname{per}(\boldsymbol{B}(C))$$

证明 不失一般性,可以认为

$$\boldsymbol{T} = \begin{pmatrix} \theta & 1-\theta \\ 1-\theta & \theta \end{pmatrix} + \boldsymbol{I}_{n-2}$$

则

$$\begin{aligned}
&\operatorname{per}(\boldsymbol{B}(C)) - \operatorname{per}(\boldsymbol{A}(C)) = \\
&\sum_{\sigma\in S_n} C_{\sigma(3)}^{\beta_3}\cdots C_{\sigma(n)}^{\beta_3}\left(C_{\sigma(1)}^{\beta_1}C_{\sigma(2)}^{\beta_2} - \right.\\
&\left.C_{\sigma(2)}^{\theta\beta_1+(1-\theta)\beta_2}\times C_{\sigma(2)}^{(1-\theta)\beta_1+\theta\beta_2}\right) = \\
&\sum_{T\in S_n} C_{T(3)}^{\beta_3}\cdots C_{T(n)}^{\beta_n}\left(C_{T(1)}^{\beta_1}C_{T(2)}^{\beta_2} - \right.\\
&\left.C_{T(2)}^{\theta\beta_1+(1-\theta)\beta_2}\times C_{T(2)}^{(1-\theta)\beta_1+\theta\beta_2}\right)
\end{aligned}$$

从而

$$\begin{aligned}
&2(\operatorname{per}(\boldsymbol{B}(C)) - \operatorname{per}(\boldsymbol{A}(C))) = \\
&\sum_{\sigma\in S_n} C_{\sigma(3)}^{\beta_3}\cdots C_{\sigma(n)}^{\beta_n}\left(-C_{\sigma(1)}^{\theta\beta_1+(1-\theta)\beta_2}\times\right.\\
&C_{\sigma(2)}^{(1-\theta)\beta_1+\theta\beta_2} - C_{\sigma(1)}^{(1-\theta)\beta_1+\theta\beta_2}C_{\sigma(2)}^{\theta\beta_1+(1-\theta)\beta_2} +
\end{aligned}$$

$$C_{\sigma(1)}^{\beta_1}C_{\sigma(2)}^{\beta_2}+C_{\sigma(1)}^{\beta_2}C_{\sigma(2)}^{\beta_1})=$$

$$\sum_{\sigma\in S_n}C_{\sigma(1)}^{\beta_1}C_{\sigma(2)}^{\beta_2}C_{\sigma(3)}^{\beta_3}\cdots C_{\sigma(n)}^{\beta_n}(C_{\sigma(1)}^{\theta(\beta_1-\beta_2)}-C_{\sigma(2)}^{\theta(\beta_1-\beta_2)})\times$$

$$(C_{\sigma(2)}^{(1-\theta)(\beta_1-\beta_2)}-C_{\sigma(2)}^{(1+\theta)(\beta_1-\beta_2)})\geqslant 0$$

推论1 设$c,\beta,\boldsymbol{A}(C)$和$\boldsymbol{B}(C)$如同引理3中定义的一样，如果$\boldsymbol{S}\in\Omega_n$是初等矩阵的积，且$\alpha=\boldsymbol{S}\beta$，则

$$\operatorname{per}(\boldsymbol{A}(C))\leqslant\operatorname{per}(\boldsymbol{B}(C))$$

定理1的证明 设α和β是按不增顺序排列的n元非负数组. 如果$\alpha<\beta$，则由定理知$2\alpha=\boldsymbol{S}\beta$，其中$\boldsymbol{S}$是初等双随机矩阵的积(见定理2的证明). 从而由引理3的推论1有

$$\operatorname{per}(\boldsymbol{A}(C))\leqslant\operatorname{per}(\boldsymbol{B}(C))$$

为证其反面，可设α和β是给定的，且对一切n元正数组$C=(c_1,\cdots,c_n)$，有

$$\operatorname{per}(\boldsymbol{A}(C))\leqslant\operatorname{per}(\boldsymbol{B}(C))$$

首先，取$c_1=c_2=\cdots=c_n=x>0$，则

$$\operatorname{per}(\boldsymbol{A}(C))=n!\ x^{\Sigma(\alpha,n)}\leqslant\operatorname{per}(\boldsymbol{B}(C))=n!\ x^{\Sigma(\beta,h)}$$

其中$\Sigma(\gamma,m)=\sum_{i=1}^{m}\gamma_i$，因此，对一切正数$x$(可大于1也可小于1)有$x^{\Sigma(\alpha,n)}\leqslant x^{\Sigma(\beta,n)}$. 于是

$$\sum_{j=1}^{a}\alpha_j=\sum_{j=1}^{n}\beta_j$$

其次，设$1\leqslant k\leqslant n-1$，且令$c_1=c_2=\cdots=c_k=y>1,c_{k+1}=c_{k+2}=\cdots=c_n=1$，则

$$\operatorname{per}(\boldsymbol{A}(C))=ay^{\Sigma(\beta,k)}+(\text{比}\ \Sigma(\alpha,k)\ \text{次数低的项})$$

$$\operatorname{per}(\boldsymbol{B}(C))=by^{\Sigma(\alpha,k)}+(\text{比}\ \Sigma(\beta,k)\ \text{次数低的项})$$

其中a和b是常数. 但对一切y有

$$\operatorname{per}(\boldsymbol{A}(C))\leqslant\operatorname{per}(\boldsymbol{B}(C))$$

因此，对充分大的y，必有

$$y^{\Sigma(\alpha,k)} \leqslant y^{\Sigma(\beta,k)}$$

由此即得

$$\Sigma(\alpha,k) \leqslant \Sigma(\beta,k)$$

即对于 $k = 1,2,\cdots,n-1$ 有

$$\alpha_1 + \alpha_2 + \cdots + \alpha_k \leqslant \beta_1 + \beta_2 + \cdots + \beta_k$$

所以 $\alpha \prec \beta$.

第15章

Birkhoff 定理

现在介绍双随机矩阵理论属于 Birkhoff 定理的一个基本结果.

定理 1 $n\times n$ 双随机矩阵的集组成一个以置换矩阵为顶点的凸多面体.

换而言之,如果 $\boldsymbol{A}\in\Omega_n$,则

$$\boldsymbol{A}=\sum_{j\neq 1}^{s}\theta_i\theta_jP_j \tag{1}$$

其中 $\boldsymbol{P}_1,\cdots,\boldsymbol{P}_s$ 是置换矩阵,且 θ_j 是满足 $\sum_{j=1}^{s}\theta_j=1$ 的非负数.

证明 对 $\boldsymbol{A}$ 中正元素的个数 $\pi(\boldsymbol{A})$ 使用归纳法,如果 $\pi(\boldsymbol{A})=n$,则 $\boldsymbol{A}$ 是置换矩阵,从而定理成立($s=1$). 假设 $\pi(\boldsymbol{A})>n$,且对 Ω_n 中有小于 $\pi(\boldsymbol{A})$ 个正元素的一切矩阵定理成立. 由第 13 章定理 1,矩阵 $\boldsymbol{A}$ 有一条正对角线

$$(a_{\sigma(1)1},a_{\sigma(2)2},\cdots,a_{\sigma(n)n})$$

其中$\sigma\in S_n$. 设$\boldsymbol{P}=(p_{ij})$是置换σ的关联矩阵(即$\boldsymbol{P}$是在$(\sigma(i),i)(i=1,\cdots,n)$位置元素为1的置换矩阵). 令$a_{\sigma(t)t}=\min\{a_{\sigma(i)i}\}=a$. 显然,$0<a<1$,因为若$a=1$,则给出$\boldsymbol{A}$的$(\sigma(i),i)(i=1,\cdots,n)$位置元素为1,从而$\boldsymbol{A}$为置换矩阵. 此外,由于$a$的极小性,$\boldsymbol{A}-a\boldsymbol{P}$是非负矩阵. 我们断言矩阵

$$\boldsymbol{B}=(b_{ij})=\frac{1}{1-a}(\boldsymbol{A}-a\boldsymbol{P}) \tag{2}$$

是双随机的. 事实上

$$\sum_{j=1}^{n}b_{ij}=\sum_{j=1}^{n}\frac{a_{ij}-ap_{ij}}{1-a}=$$

$$\frac{(\sum_{j=1}^{n}a_{ij})-a(\sum_{j=1}^{n}p_{ij})}{1-a}=$$

$$\frac{1-a}{1-a}=1,i=1,\cdots,n$$

同理可证

$$\sum_{j=1}^{n}b_{ij=1},j=1,\cdots,n$$

现在有,$\pi(\boldsymbol{B})\leqslant\pi(\boldsymbol{A})-1$,因为$\boldsymbol{B}$在$\boldsymbol{A}$有零元的一切位置上有零元,且还有$b_{\sigma(t)t}=0$. 故由归纳假设有

$$\boldsymbol{B}=\sum_{j=1}^{s-1}\gamma_j\boldsymbol{P}_j$$

其中$\boldsymbol{P}_j$是置换矩阵,$\gamma_j\geqslant 0,j=1,\cdots,s-1$,且$\sum_{j=1}^{s-1}\gamma_j=1$. 但是,由式(2)有

$$\boldsymbol{A}=(1-a)\boldsymbol{B}+a\boldsymbol{P}=(\sum_{j=1}^{s-1}(1-a)\gamma_j\boldsymbol{P}_j)+a\boldsymbol{P}=$$

$$\sum_{j=1}^{s}\theta_m\boldsymbol{P}_j$$

其中$\theta_j=(1-a)\gamma_j(j=1,\cdots,s-1)$,$\theta=a$和$p_s=p$,显而易见,$\theta_j$是非负的. 剩下还需证明$\sum_{j=1}^{s}\theta_j=1$,但不难算出

$$\sum_{j=1}^{s}\theta_j=(\sum_{j=1}^{s-1}(1-a)\gamma_j)+a=$$
$$(1-a)(\sum_{j=1}^{s-1}\gamma_j)+a=$$
$$(1-a)+a=1$$

令Λ_n^k表示每行和每列中有k个1的h阶(0,1)-矩阵的集合. 这类矩阵出现在许多组合问题中. 如果$\boldsymbol{A}\in\Lambda_n^k$,则$A/k$显然是双随机的. 由于这个缘故,$\Lambda_n^k$中的矩阵通常称为双随机(0,1)-矩阵.

下面是属于Kŏnig的关于双随机(0,1)-矩阵类似于定理1的一个结果. 从历史观点来看,Kŏnig的结果先于Birkhoff的结果.

定理2 如果$\boldsymbol{A}\in\Lambda_n^k$,则

$$\boldsymbol{A}=\sum_{j=1}^{k}\boldsymbol{P}_j \tag{3}$$

其中$\boldsymbol{P}_j$是置换矩阵.

定理2的证明思路是直截了当的,它类似定理1的证明.

Birkhoff定理引出下面两个令人关心的组合问题.

(1) 一个给定的双随机矩阵能以多少种方式表示为式(1)的形式?

(2) 在一个双随机矩阵的一切可能的形如式(1)的表示式中置换矩阵的最少个数是多少?换而言之,其凸组合等于$\boldsymbol{A}$的置换矩阵的最少个数$\beta(\boldsymbol{A})$是

什么?

这两个问题都很难,关于问题(1) 可以说是毫无所知. 问题(2) 由 Farahat 和 Mirsky 提出,并获得了关于数 $\beta(\boldsymbol{A})$ 的某些上界.

关于 $\beta(\boldsymbol{A})$ 的第一个上界由 Marcus 和 Newman 给出,他们用定理 1 的证明中使用过的过程进行推导. 这个过程是从给定的 $n \times n$ 双随机矩阵 $\boldsymbol{A}$ 中一个接一个地“扣除”置换矩阵的数量倍,使得每扣除一个,附带产生至少一个零元素. 这样一来,经过不多于 $n(n-1)$ 个这样的步骤之后,所得双随机矩阵恰好有 n 个非零元素,即为置换矩阵. 因此,$\boldsymbol{A}$ 是至多 $n(n-1)+1$ 个置换矩阵的凸组合. 由此推出,对任意的 $\boldsymbol{A} \in \Omega_n$ 有

$$\beta(\boldsymbol{A}) \leqslant n_2 - n + 1 \tag{4}$$

然而,我们将会见到,对任意的 $\boldsymbol{A} \in \Omega_n$,当 $n > 1$ 时,式(4) 中的等号不能成立. 下面的定理改进了式(4) 中的界.

定理 3　如果 $\boldsymbol{A} \in \Omega_n$,则

$$\beta(\boldsymbol{A}) \leqslant (n-1)^2 + 1 \tag{5}$$

证明　$n \times n$ 实矩阵的线性空间的维数是 n^2,关于 $n \times n$ 双随机矩阵的行和与列和有 $2n$ 个线性条件,但这些条件中,仅有 $2n-1$ 是无关的,这是因为矩阵的一切行和的和必等于它的列和的和. 因此

$$\dim \Omega_n = n^2 - (2n-1) = (n-1)^2$$

且由 Caratheodory 定理推出. 每个矩阵 $\boldsymbol{A} \in \Omega_n$ 都在 $(n-1)^2 + 1$ 个置换矩阵的凸包中. 所以,$\beta(\boldsymbol{A})$ 不大于 $(n-1)^2 + 1$.

我们现在考虑不可约双随机矩阵,并用非本原性指标改进式(5) 中的上界. 我们首先需要下列预备

结果.

定理4(Marcus，Minc和Moyls) 设$S=\sum_{i=1}^{m}S_t$，其中$S_i\in\Omega_{n_i}(i=1,\cdots,m)$，则

$$\beta(S)\leqslant\sum_{i=1}^{m}\beta(S_i)-m+1 \tag{6}$$

证明 对m使用归纳法. 当$m=2$时，我们必须证明

$$\beta(S_1+S_2)\leqslant\beta(S_1)+\beta(S_2)-1 \tag{7}$$

设$S_1=\sum_{i=1}^{r}\theta_i\beta_i$，$S_2=\sum_{j=1}^{s}\varphi_j Q_i$，其中$P_j$，$Q_j$分别是$n_1\times n_1$和$n_2\times n_2$置换矩阵，$0<\theta_1<\theta_2\leqslant\cdots\leqslant\theta_r$，$\theta<\varphi_1<\varphi_2<\cdots<\varphi_s$，$\sum_{i=1}^{r}\theta_i=\sum_{j=1}^{s}\varphi_j=1$，此外$r=\beta(S_1)$，$s=\beta(S_2)$. 我们对$r+s$使用归纳法. 如果$r+s=2$，则$S_1=P_1$，$S_2=Q_1$，$S_1+S_2=P_1+Q_1$，并且它们都是置换矩阵，因此式(7)成立. 现在假设$r+s>2$，不失一般性，不妨设$\theta_1\leqslant\varphi_1$，则

$$\begin{aligned}S_1+S_2=\theta_1(P_1+Q_1)+(1-\theta)\times\\((\sum_{i=2}^{r}\frac{\theta_i}{1-\theta_1}P_i)+\\(\frac{\varphi_1-\theta_1}{1-\theta_1}Q_1+\sum_{i=2}^{s}\frac{\varphi_i}{1-\theta_1}Q_j))\end{aligned}$$

显然

$$\sum_{i=2}^{r}\frac{\theta_i}{1-\theta_1}P_i\in\Omega_{n_1}$$

$$\frac{\varphi_1-\theta_1}{1-\theta_1}Q_1+\sum_{j=2}^{s}\frac{\varphi_2}{1-\theta_1}Q_j\in\Omega_{n_2}$$

这样就有

$$S_1+S_2=\theta_1(P_1+Q_1)+(1-\theta)R$$

其中 R 是两个双随机矩阵的直和,它们中第一个是 $r-1$ 个置换矩阵的凸组合,第二个是 s 个置换矩阵的凸组合. 因此,将归纳假设用于 R 得,$\beta(R)\leqslant r+s-2$,从而

$$\beta(S_1+S_2)\leqslant r+s-1$$

这已给出 $m=2$ 时定理的证明. 现令 $m>2$,且假设对于 $m-1$ 个矩阵的直和定理已成立,则

$$\beta(S)=\beta(\sum_{i=1}^{m}S_i)\leqslant\beta(\sum_{j=1}^{m-1}S_i)+\beta(S_m)-1\leqslant$$
$$\sum_{i=1}^{m-1}\beta(S_i)-(m-1)+1+\beta(S_m)-1=$$
$$\sum_{i=1}^{m}\beta(S_i)-m+1$$

定理 5(Marcus,Minc 和 Moyls)　如果 A 是有非本原性指标 h 的不可约双随机 $n\times n$ 矩阵,则

$$\beta(A)\leqslant h(\frac{n}{h}-1)^2+1\tag{8}$$

证明　由第 13 章定理 4 知,指标 h,n 为整数. 令 $n=qh$,设 R 是(i,j)位置元素为 1 的 $n\times n$ 置换矩阵,其中 i,j 满足 $i-j\equiv q(\bmod n)$. 设 P 是置换矩阵,使得 PAP^{T} 是在对角线上具有 q 阶方块 $A_{12},A_{23},\cdots,A_{h-1,h},A_{h1}$ 的 Frobenius 型,则

$$PAP^{\mathrm{T}}R=A_{12}+A_{23}+\cdots+A_{h-1,h}+A_{h1}$$

从而由定理 4 有

$$\beta(A)=\beta(PAP^{\mathrm{T}}R)\leqslant$$
$$\beta(A_{12})+\beta(A_{23})+\cdots+\beta(A_{h-1,h})+$$
$$\beta(A_{h1})-h+1$$

但由定理 3 知

$$\beta(A_{i,i+1})\leqslant(q-1)^2+1,i=1,\cdots,h-1$$

$$\beta(\boldsymbol{A}_{h1}) \leqslant (q-1)^2+1$$

因此

$$\beta(\boldsymbol{A}) \leqslant h((q-1)^2+1)-h+1 = h(\frac{n}{h}-1)^2+1$$

上一结果与推论 6 一起使用可为 $\beta(\boldsymbol{A})$ 提供一个比直接应用公式(8) 所得的估计更好的结果. 这一点可用下面的例子加以说明.

例 1(Marcus,Minc 和 Moyls)　设

$$\boldsymbol{A} = \begin{pmatrix} \boldsymbol{O}_4 & \boldsymbol{J}_4 \\ \boldsymbol{S} & \boldsymbol{O}_4 \end{pmatrix} \in \Omega_8$$

其中 $\boldsymbol{S} = \begin{pmatrix} \boldsymbol{O}_2 & \boldsymbol{I}_2 \\ \boldsymbol{J}_2 & \boldsymbol{O}_2 \end{pmatrix}$,$\boldsymbol{O}_t$ 表示 $t \times t$ 零矩阵. 估计 $\beta(\boldsymbol{A})$ 的值.

解　公式(5) 给出

$$\beta(\boldsymbol{A}) \leqslant (8-1)^2+1 = 50$$

此外,我们注意到,$\boldsymbol{A}$ 具有上对角线块型且 $\boldsymbol{J}_4\boldsymbol{S}$ 是正的,从而,$\boldsymbol{A}$ 是在非本原指标 2 的不可约矩阵. 于是由式(8) 得

$$\beta(\boldsymbol{A}) \leqslant 2(\frac{8}{2}-1)^2+1 = 19$$

现在,置换 $\boldsymbol{A}$ 的行和列,使它变成 $\boldsymbol{J}_4 + \boldsymbol{S}$. 再进一步置换行与列得到矩阵 $\boldsymbol{J}_4 + \boldsymbol{J}_2 + \boldsymbol{J}_2 = \boldsymbol{J}_4 + \boldsymbol{J}_1 + \boldsymbol{J}_1 + \boldsymbol{J}_2$,因此,由定理 4 知

$$\beta(\boldsymbol{A}) \leqslant \beta(\boldsymbol{J}_4) + \beta(\boldsymbol{I}_1) + \beta(\boldsymbol{I}_1) + \beta(\boldsymbol{J}_2) - 4 + 1 \tag{9}$$

把定理 3 直接用于 $\boldsymbol{J}_4$ 得到 $\beta(\boldsymbol{J}_4) \leqslant 10$,从而式(9) 给出

$$\beta(\boldsymbol{A}) \leqslant 11$$

不过,由检验易知$\beta(\boldsymbol{J}_4)=4$. 于是,式(9)又给出

$$\beta(\boldsymbol{A}) \leqslant 5$$

不难证明,实际精确值$\beta(\boldsymbol{A})=4$.

双随机矩阵的进一步讨论

第16章

非负矩阵的逆是非负的当且仅当矩阵是广义置换矩阵,由此得,双随机矩阵的逆是双随机的当且仅当矩阵是置换矩阵.对于拟双随机矩阵有一个完全不同的结果成立.

引理1 非奇异的拟双随机矩阵的逆是拟双随机的.

特别地,双随机矩阵的逆是拟双随机的.

证明 设$\boldsymbol{A}$是非奇异$n\times n$拟双随机矩阵,则按$\boldsymbol{A}$的双随机性有

$$\boldsymbol{J}_n=\boldsymbol{J}_n\boldsymbol{I}_n=\boldsymbol{J}_n\boldsymbol{A}\boldsymbol{A}^{-1}=\boldsymbol{J}_n\boldsymbol{A}^{-1}$$

$$\boldsymbol{J}_n=\boldsymbol{I}_n\boldsymbol{J}_n=\boldsymbol{A}^{-1}\boldsymbol{A}\boldsymbol{J}_n=\boldsymbol{A}^{-1}\boldsymbol{J}_n$$

所以$\boldsymbol{A}^{-1}$是拟双随的.

下面推论是上述引理的直接结果.

推论1 如果$\boldsymbol{A}$和$\boldsymbol{X}$是$n\times n$双随机矩阵,且$\boldsymbol{X}$是非奇异的,则$\boldsymbol{XAX}^{-1}$是拟双随机的.

当然,推论1中的矩阵$\boldsymbol{XAX}^{-1}$不一定是非负的. 此外,显然如果$\boldsymbol{A}$是双随机的且存在非奇异矩阵$\boldsymbol{X}$,使得$\boldsymbol{XAX}^{-1}$是双随机的,则$\boldsymbol{X}$可能不是双随机的甚至不是拟双随机的. 例如:如果$\boldsymbol{A}=\boldsymbol{I}_n$,则$\boldsymbol{X}$可以是任意的非奇异的$n\times n$矩阵. 然而,如果$\boldsymbol{A}$碰巧是不可约的,则下列这些意想不到的结果将成立.

定理1(Marcus,Minc 和 Moyls) 如果$\boldsymbol{A}$是不可约的双随机$n\times n$矩阵,且$\boldsymbol{B}=\boldsymbol{XAX}^{-1}$是双随机的,则$\boldsymbol{X}$是拟双随机矩阵的数量倍,而且,存在双随机矩阵$\boldsymbol{Y}$使得$\boldsymbol{YAY}^{-1}=\boldsymbol{B}$.

证明 设$\boldsymbol{J}$是一切元素为1的矩阵,且以$r_i(\boldsymbol{M})$表示矩阵$\boldsymbol{M}$的第i个行和,由于$\boldsymbol{XA}=\boldsymbol{BX}$,我们有$\boldsymbol{XAJ}=\boldsymbol{BXJ}$,从而,$\boldsymbol{XJ}=\boldsymbol{B}(\boldsymbol{XJ})$. 但$\boldsymbol{XJ}$的每列等于$n$元数组$u(\boldsymbol{X})=(r_1(\boldsymbol{X}),r_2(\boldsymbol{X}),\cdots,r_n(\boldsymbol{X}))$. 这样就有

$$\boldsymbol{B}u(\boldsymbol{X})=u(\boldsymbol{X})$$

现在,由于$\boldsymbol{A}$是不可约的双随机矩阵,1是$\boldsymbol{A}$和$\boldsymbol{B}$的单特征值,从而,$u(\boldsymbol{X})$必是一切元素为1的n元数组$\boldsymbol{e}$的数量倍,因此,$r_i(\boldsymbol{X})=a,i=1,\cdots,n$. 同理,可以证明

$$r_i(\boldsymbol{X}^{\mathrm{T}})=\beta,i=1,\cdots,r$$

但是$\alpha=\beta$,$\boldsymbol{JX}=\boldsymbol{XJ}=\alpha\boldsymbol{J}$即得$\boldsymbol{X}$是拟双随机矩阵的数量倍.

向量$\boldsymbol{e}$是$\boldsymbol{X}$,$\boldsymbol{J}$的分别对应于α和n的特征向量. 因此,对任意的数k,$\alpha+kn$是$\boldsymbol{X}+k\boldsymbol{J}$的特征值,选取$k$,使得$\boldsymbol{X}+k\boldsymbol{J}$是正的且非奇异的,$\alpha+kn>0$. 令

$$\boldsymbol{Y}=\frac{\boldsymbol{X}+k\boldsymbol{J}}{\alpha+kn}$$

则 $\boldsymbol{Y}$ 是双随机的. 同时

$$\begin{aligned} \boldsymbol{YAY}^{-1} &= (\boldsymbol{X}+k\boldsymbol{J})\boldsymbol{A}(\boldsymbol{X}+k\boldsymbol{J})^{-1} = \\ &(\boldsymbol{BX}+k\boldsymbol{J})(\boldsymbol{X}+k\boldsymbol{J})^{-1} = \\ &B(\boldsymbol{X}+k\boldsymbol{J})(\boldsymbol{X}+k\boldsymbol{J})^{-1} = \boldsymbol{B} \end{aligned}$$

如果 $\boldsymbol{A}$ 是一个半正定矩阵,则存在唯一的半正定矩阵 $\boldsymbol{B}$,使得 $\boldsymbol{B}^2=\boldsymbol{A}$,这个矩阵 $\boldsymbol{B}$ 叫作 $\boldsymbol{A}$ 的平方根,记作 $\boldsymbol{A}^{\frac{1}{2}}$. 半正定双随机矩阵的平方根一般不是双随机的. 例如,矩阵

$$\frac{1}{4}\begin{pmatrix} 3 & 0 & 1 \\ 0 & 3 & 1 \\ 1 & 1 & 2 \end{pmatrix}$$

的平方根是非双随机的.

下面的定理将刻画双随机矩阵平方根的特性.

定理2(Marcus 和 Minc)　半正定双随机矩阵 $\boldsymbol{A}=(a_{ij})$ 的平方根是拟双随机的, 如果 $a_{ij}\leqslant\frac{1}{n-1}(i=1,\cdots,n)$,则 $\boldsymbol{A}^{\frac{1}{2}}$ 是双随机的.

证明　设 $1,\lambda_2,\cdots,\lambda_n$ 是 $\boldsymbol{A}$ 的(非负)特征值, $\boldsymbol{U}=(u_{ij})$ 是使得

$$\boldsymbol{U}^{\mathrm{T}}\boldsymbol{AU}=\mathrm{diag}(1,\lambda_2,\cdots,\lambda_n)$$

成立的正交矩阵,$\boldsymbol{U}$ 的第一列是$\frac{[1,\cdots,1]^{\mathrm{T}}}{\sqrt{n}}$,令

$$\boldsymbol{B}=(b_{ij})=\boldsymbol{U}\mathrm{diag}(1,\sqrt{\lambda_2},\cdots,\sqrt{\lambda_n})\boldsymbol{U}^{T} \quad (1)$$

则 $\boldsymbol{B}^2=\boldsymbol{A}$,且

$$\begin{aligned} \sum_{j=1}^{n} b_{ij} &= \sum_{j=1}^{n}\sum_{k=1}^{n} u_{ik}\sqrt{\lambda_k}\,u_{jk} = \\ &\sum_{k=1}^{n} u_{ik}\sqrt{\lambda_k}\sum_{j=1}^{n} u_{jk} \end{aligned}$$

但 $\boldsymbol{U}$ 是正交矩阵,从而,对于 $k>1$

$$0=\sum_{j=1}^{n}u_{ji}u_{jk}=\frac{1}{\sqrt{n}}\sum_{j=1}^{n}u_{jk}$$

所以,对于 $i=1,\cdots,n$ 有

$$\sum_{j=1}^{n}b_{ij}=u_{ii}\sqrt{\lambda_1}\sum_{j=1}^{n}u_{j1}=\frac{1}{\sqrt{n}}\cdot 1\cdot n\cdot\frac{1}{\sqrt{n}}=1$$

同理可证

$$\sum_{i=1}^{n}b_{ij}=1,j=1,\cdots,n$$

这就证明了定理的第一部分.

现在,假设 $a_{ii}\leqslant\frac{1}{n-1}(i=1,\cdots,n)$,且 $\boldsymbol{B}$ 的定义如式(1).我们断言 $\boldsymbol{B}$ 是非负的,从而是双随机的.因为,如果对某个 1 和 q,b_{pq} 是负的,则

$$a_{pp}=\sum_{j=1}b_{pj}^2>\sum_{j\neq q}^{i}b_{pj}^2\geqslant\frac{1}{n-1}(\sum_{j\neq q}^{n}b_{pj})^2>\frac{1}{n-1} \tag{2}$$

其中用了不等式

$$\sum_{j\neq p}b_{pj}=\sum_{j=1}^{n}b_{pj}-b_{pq}=1-b_{pq}>1$$

然而式(2)与假设 $a_{ii}\leqslant\frac{1}{n-1}(i=1,\cdots,n)$ 相矛盾.

在本章结尾,我们将介绍 Marcus 和 Ree 改进和推广的第 13 章定理 1 的一个结果.首先需要下列引理:

引理 2　假设一个 $n\times n$ 矩阵的每个元素具有性质 p,或者不具有这个性质,则在矩阵的每条对角线上至少 k 个元素具有性质 p 的充分必要条件是该矩阵包含一个完全由具有性质 p 的元素组成的 $s\times t$ 子矩阵,且

$$s+t=n+k$$

定理 3 设 $\boldsymbol{A}$ 是一个 $n\times n$ 双随机矩阵,m 是一个整数,$1\leqslant m\leqslant n$,则存在 $\boldsymbol{A}$ 的一条对角线其上至少有 m 个元素大于或等于

$$\mu=\begin{cases}\dfrac{4k}{(n+k)^2},\text{如果 } m \text{ 是奇数}\\ \dfrac{4k}{(n+k)^2}-1,\text{如果 } m \text{ 是偶数}\end{cases}$$

其中 $k=n-m+1$.

证明 假定 $\boldsymbol{A}$ 的每条对角线都含有至少 m 个大于或等于 μ 的元素. 即在每条对角线中至少存在 $n-m+1$ 个元素小于 μ. 因此,由引理 2 知,矩阵 $\boldsymbol{A}$ 必包含一个 $s\times t$ 子矩阵 $\boldsymbol{M}$,满足 $s+t=n+k$,且 $\boldsymbol{M}$ 的每个元素都小于 μ. 可以假设 $\boldsymbol{A}$ 是下形的矩阵

$$\begin{array}{c}\quad t\\ s\begin{pmatrix}\widehat{\boldsymbol{M}} & \boldsymbol{B}\\ \boldsymbol{C} & \boldsymbol{D}\end{pmatrix}\end{array}$$

矩阵 $\boldsymbol{X}$ 的一切元素的和以 $\sigma(\boldsymbol{X})$ 记之,则

$$\sigma(\boldsymbol{M})+\sigma(\boldsymbol{B})=s$$
$$\sigma(\boldsymbol{M})-\sigma(\boldsymbol{C})=t$$

从而

$$2\sigma(\boldsymbol{M})+\sigma(\boldsymbol{B})\times\sigma(\boldsymbol{C})=s+t=n+k$$

此外

$$n=\sigma(\boldsymbol{A})=\sigma(\boldsymbol{M})+\sigma(\boldsymbol{B})+\sigma(\boldsymbol{C})+\upsilon(\boldsymbol{D})$$

所以

$$\sigma(\boldsymbol{M})-\sigma(\boldsymbol{D})=k$$

从而

$$\sigma(\boldsymbol{M})\geqslant k$$

但按我们的假设，$\sigma(\boldsymbol{M}) < st\mu$，因此

$$\mu > \frac{\sigma(\boldsymbol{M})}{st} \geqslant \frac{k}{\max st}$$

其中 $\max st$ 是在条件 $s+t=n+k$ 下，st 的最大值. 于是，若 m 是奇数，则 $n+k=2n-m+1$ 是偶数，有

$$\max st = \frac{(n+k)^2}{4}$$

若 m 是偶数，则 $n+k$ 是奇数，有

$$\max st = \frac{(n+k)^2-1}{4}$$

所以，若 m 是奇数，则

$$\mu > \frac{4k}{(n+k)^2} = \frac{4k}{(2n-m+1)^2}$$

若 m 是偶数，则

$$\mu > \frac{4k}{(n+k)^2-1} = \frac{4k}{(2n-m+1)^3-1}$$

这与 μ 的定义矛盾.

当 $m=n$ 时，我们有下面的结果：

推论 1　如果 $\boldsymbol{A}=(a_{ij})$ 是 $n\times n$ 双随机矩阵，则

$$\max_{\tau\in s_n}\min_{j} a_i\tau_i \geqslant \begin{cases} \dfrac{4}{(n+1)^2}, & \text{若 } n \text{ 是奇数} \\ \dfrac{4}{n(n+2)}, & \text{若 } n \text{ 是偶数} \end{cases}$$

例 1　用下列方法证明定理 3 中的界是最好的：对每个 n 和 m 构作一个矩阵，使其任何对角线包含 m 个大于 μ 的元素.

设 $\boldsymbol{A}$ 是一个 $n\times n$ 双随机矩阵，如果 m 是奇数，则把 $\boldsymbol{A}$ 分划成四个块

$$\boldsymbol{A} = \begin{pmatrix} \boldsymbol{A}_{11} & \boldsymbol{A}_{12} \\ \boldsymbol{A}_{21} & \boldsymbol{A}_{22} \end{pmatrix}$$

其中 $\boldsymbol{A}_{11}$ 是 $\frac{n+k}{2}\times\frac{n+k}{2}$ 的. 其一切元素与 $\mu=\frac{4k}{(n+1)^2}$ 相等, $\boldsymbol{A}_{12}$ 和 $\boldsymbol{A}_{21}$ 的一切元素是 $\frac{2}{n+k}$; $\boldsymbol{A}_{22}$ 是零矩阵. $\boldsymbol{A}$ 含有一切元素与 μ 相等的子矩阵, 且由于

$$\frac{n+k}{2}+\frac{n+k}{2}=n+k$$

故根据引理2可以断言, $\boldsymbol{A}$ 的每个对角线至少有 k 个元素等于 μ, 因此, 不存在 $\boldsymbol{A}$ 的对角线能有 $n-k+1=m$ 个大于 μ 的元素的情况.

如果 m 是偶数, 且 $\mu=\frac{4k}{(n+k)^2-1}$, 以类似的方法分划 $\boldsymbol{A}$, 这一次 $\boldsymbol{A}_{11}$ 是 $\frac{n+k-1}{2}\times\frac{n+k+1}{2}$ 的, 其一切元素等于 μ; $\boldsymbol{A}_{12}$ 的一切元素等于 $\frac{2}{n+k-1}$; $\boldsymbol{A}_{21}$ 的一切元素等于 $\frac{2}{n+k+1}$; $\boldsymbol{A}_{22}$ 仍为零矩阵. 与前面一样用相同的方法, 由引理2推出所需结论.

van der Waerden 猜想及 Egoryĉev-Falikman 定理

第 17 章

1926 年,van der Waerden 提出积和式函数在 $n \times n$ 双随机矩阵的多面体 Ω_n 中的最小值问题. 由第 13 章定理 1 的推论 1,这个最小值是正的,猜想

$$\mathrm{per}(\boldsymbol{S}) \geqslant \frac{n!}{n^n}, \text{对一切 } \boldsymbol{S} \in \Omega_n \quad (1)$$

式(1) 中等号成立当且仅当 $\boldsymbol{S} = \boldsymbol{J}_n$. 这是我们熟知的 van der Waerden 猜想的问题. 这个问题半个多世纪来一直悬而未决,直到 Egoryĉev 和 Falikman 各自独立地证明了它.

本章我们将证明不等式(1) 及其等式成立的条件. 我们的证明来自于 Egoryĉev 的证明,但有如下少许变更. 即不用 Egoryĉev 用以推导一个积和式不等式(定理 1) 的关于混合判别式的 Alexandrov 不等式,而直接用 Falikman 引理获得定理 1.

设$a_1,\cdots,a_{n-2}$是n元正数组,对一切n元实数组x和y,由

$$f(x,y)=\mathrm{per}(a_1,\cdots,a_{n-2},x,y)$$

定义一个双线性函数f.

引理1 设$\boldsymbol{A}=(a_{ij})$是以$a_1,\cdots,a_{n-1}$为列的$n\times(n-1)$正矩阵;$b=(b_1,\cdots,b_n)$是n元实数组,如果$f(a_{n-1},b)=0$,则$f(b,b)\leqslant 0$,此外,$f(b,b)=0$,当且仅当$b=0$.

证明 对n用归纳法,如果$n=2$,则$0=f(a_1,b)=a_{11}b_2+a_{21}b_1$,从而$b_2=-\dfrac{a_{21}b_1}{a_{11}}$,因此,$f(b,b)=2b_1b_2=-\dfrac{2a_{21}b_1^2}{a_{11}}\leqslant 0$. 此外,$f(b,b)=0$当且仅当$b_1=0$,也就是,当且仅当$b=0$.

现在假设$n>2$,且结论对$n-1$元数组已成立. 令$x=(x_1,\cdots,x_n)$是一个n元实数组. 我们证明,若$f(x,e_n)=0$(其中$e_n=(0,\cdots,0,1)$),则$f(x,x)<0$,除非x是e_n的数量倍(当x是e_n的数量倍时,自然$f(x,x)=0$). 假定x不是e_n的数量倍,且

$$f(x,e_n)=\mathrm{per}(a'_1,\cdots,a'_{n-2},x')=0 \qquad (2)$$

其中$a'_j=(a_{1j},\cdots,a_{n-1,j})$,$j=1,\cdots,n-2$,和$x'=(x_1,\cdots,x_{n-1})\neq 0$. 按最后一行展开$\mathrm{per}(a_1,\cdots,a_{n-2},x,y)$,并应用式(2)得

$$f(x,x)=\sum_{j=1}^{n-2}a_{nj}\,f_j(x',x') \qquad (3)$$

其中$f_j(x',x')=\mathrm{per}(a'_j,\cdots,a'_{j-1},a'_{j+1},\cdots,a'_{n-2},x',x')$. 现在,由式(2)有,$f_j(x',a'_j)=0$,显然,$f_j(a'_j,a'_j)>0$($j=1,\cdots,n-2$). 因已假设$x$不是$e_n$的数量倍,故

$x'\neq 0$，从而由归纳假设得$f_j(x',x')<0(j=1,\cdots,n-2)$. 于是，由式(3)推得$f(x,x)<0$. 已经证明：如果$x$不是$e_n$的数量倍，且$f(x,e_n)=0$，则$f(x,x)<0$. 由于$f(a_{n-1},a_{n-1})>0$，前面的推理表明$f(a_{n-1},e_n)$不能为零.

设

$$\eta=-\frac{f(b,e_n)}{f(a_{n-1},e_n)}$$

则

$$f(b+\eta a_{n-1},e_n)=0$$

从而

$$f(b+\eta a_{n-1},b+\eta a_{n-1})\leqslant 0$$

即

$$f(b,b)+\eta^2 f(a_{n-1},a_{n-1})\leqslant 0$$

因此，$f(b,b)\leqslant 0$. 如果$f(b,b)=0$，则必有$\eta=0$，但如果$\eta=0$，则$f(b,e_n)=0$，从而b是e_n的数量倍：$b=\tau e_n$，于是

$$0=f(a_{n-1},b)=f(a_{n-1},\tau e_n)=\tau f(a_{n-1},e_n)$$

进而推得$\tau=0$，即$b=0$.

下面的定理是关于混合判别式的 Alexandrov 不等式的一个特例，这个用积和式表示的 Alexandrov 不等式属于 Egoryĉev.

定理1　设$a_1,\cdots,a_{n-1}$是n元正数组，a_n是n元实数组，则

$$\operatorname{per}(a_1,\cdots,a_{n-1},a_n)^2\geqslant \operatorname{per}(a_1,\cdots,a_{n-2},a_{n-1},a_{n-1})\cdot \operatorname{per}(a_1,\cdots,a_{n-2},a_n,a_n) \quad (4)$$

式(4)中等式成立当且仅当a_{n-1}和a_n是线性相关的.

证明　f记为引理1中的双线性型，且设

$$t=\frac{f(a_{n-1},a)}{f(a_{n-1},a_{n-1})}$$

如果 $b=a_n-t_{a_{n-1}}$,则

$$f(a_{n-1},b)=f(a_{n-1},a_n)-tf(a_{n-1},a_{n-1})=0$$

从而由引理 1 有

$$\begin{aligned}0\geqslant f(b,b)=f(b,a_n)-tf(b,a_{n-1})=\\ f(b,a_n)=f(a_n,a_n)-tf(a_{n-1},a_n)=\\ f(a_n,a_n)-\frac{(f(a_{n-1},a_n))^2}{f(a_{n-1},a_{n-1})}\end{aligned}\tag{5}$$

这样就得出与不等式(4) 等价的不等式

$$(f(a_{n-1},a_n))^2\geqslant f(a_{n-1},a_{n-1})f(a_n,a_n)$$

由引理 1 知,式(5) 中等式成立当且仅当 $b=0$. 也就是当且仅当 $a_n=t_{a_{n-1}}$.

借助于连续性推理方法,容易证明:当 $a_1,\cdots,a_{n-1}$ 仅为 n 元非负数组时,不等式(4) 也成立. 当然,在这种情况下,关于等式成立的条件不再有效. 此外,不一定是排在最后的任意两个 n 元数组 a_q 和 a_t,显然,也能指定为定理 1 中那两个特殊的 n 元数组(即 a_{n-1},a_n),只要它们中的一个与其余的 n 元数组全是非负的. 这就推出定理 1 的下列推论.

推论 1 如果 $\boldsymbol{A}=(a_{ij})$ 是非负 $n\times n$ 矩阵,则对任意的 q 和 $t(1\leqslant q<t\leqslant n)$ 有

$$\begin{aligned}(\mathrm{per}(\boldsymbol{A}))^2\geqslant(\sum_{i=1}^n a_{iq}\mathrm{per}(\boldsymbol{A}(i\mid t)))\times\\ (\sum_{i=1}^n a_{it}\mathrm{per}(\boldsymbol{A}(i\mid q)))\end{aligned}\tag{6}$$

如果除第 t 列外 $\boldsymbol{A}$ 的一切列都是正的,则式(6) 中等式成立当且仅当第 t 列是第 q 列的数量倍.

在引入和证明下一个定理之前,我们证明几个引理. $n \times n$ 双随机矩阵 $\boldsymbol{A}$ 在 Ω_n 中叫作极小化的,如果

$$\operatorname{per}(\boldsymbol{A}) = \min\{\operatorname{per}(\boldsymbol{S}) \mid \boldsymbol{S} \in \Omega_n\}$$

引理2(Marcus 和 Newman)　极小化矩阵是完全不可分解的.

证明　令 $\boldsymbol{A}$ 是 Ω_n 中的极小化矩阵. 假设 $\boldsymbol{A}$ 是部分可分解的,则按第13章定理3的推论3,存在置换矩阵 $\boldsymbol{P}$ 和 $\boldsymbol{Q}$,使得 $\boldsymbol{PAQ} = \boldsymbol{B} + \boldsymbol{C}$,其中 $\boldsymbol{B} = (b_{ij}) \in \Omega_k$,$\boldsymbol{C} \in \Omega_{n-k}$,我们来证明,存在 $n \times n$ 双随机矩阵,它的积和式小于 $\operatorname{per}(\boldsymbol{A})$. 因为由第13章定理1的推论1知,$\boldsymbol{A}$ 的积和式是正的,故不失一般性,可设

$$b_{kk}\operatorname{per}((\boldsymbol{PAQ})(k \mid k)) > 0$$

$$\boldsymbol{C}_{11}\operatorname{per}((\boldsymbol{PAQ})(k+1 \mid k+1)) > 0$$

令 ε 是小于 $\min\{b_{kk}, c_{11}\}$ 的任意正数,考查

$$\boldsymbol{G}(\varepsilon) = \boldsymbol{PAQ} - \varepsilon(E_{kk} + E_{k+1,k+1}) + \varepsilon(E_{k,k+1} + E_{k+1,k})$$

则 $\boldsymbol{G}(\varepsilon) \in \Omega_n$,且

$$\begin{aligned}
\operatorname{per}(\boldsymbol{G}(\varepsilon)) = {} & \operatorname{per}(\boldsymbol{PAQ}) - \varepsilon\operatorname{per}((\boldsymbol{PAQ})(k \mid k)) + \\
& \varepsilon\operatorname{per}((\boldsymbol{PAQ})(k \mid k+1)) - \\
& \varepsilon\operatorname{per}((\boldsymbol{PAQ})(k+1 \mid k+1)) + \\
& \varepsilon\operatorname{per}((\boldsymbol{PAQ})(k+1 \mid k)) + O(\varepsilon^2) = \\
& \operatorname{per}(\boldsymbol{A}) - \varepsilon\operatorname{per}((\boldsymbol{PAQ})(k \mid k) + \\
& \operatorname{per}((\boldsymbol{PAQ})(k+1 \mid k+1)) + o(\varepsilon^2)
\end{aligned}$$

因为由 Frobenius-Kŏnig 定理可知

$$\operatorname{per}((\boldsymbol{PAQ})(k \mid k+1)) = \operatorname{per}((\boldsymbol{PAQ})(k+1 \mid k+1)) = 0$$

此外

$$\operatorname{per}((\boldsymbol{PAQ}) \cdot (k \mid k)) + \operatorname{per}((\boldsymbol{PAQ})(k+1 \mid k+1)) > 0$$

从而,对充分小的正数 ε 有

$$\operatorname{per}(\boldsymbol{G}(\varepsilon)) < \operatorname{per}(\boldsymbol{A})$$

这与 $\boldsymbol{A}$ 是极小化矩阵的假定矛盾.

引理3(Marcus 和 Newman)　如果 $\boldsymbol{A}=(a_{ij})$ 是 Ω_n 的极小化矩阵,则 $a_{kk}>0$,蕴含

$$\operatorname{per}(\boldsymbol{A}(h \mid k)) = \operatorname{per}(\boldsymbol{A})$$

证明　设 $C(\boldsymbol{A})$ 是以 $\boldsymbol{A}$ 为内点的 Ω_n 的维数最小的面. 换而言之

$$C(\boldsymbol{A}) = \{\boldsymbol{X}=(x_{ij}) \in \Omega_n \mid x_{ij}=0, \text{如果}(i,j) \in Z\}$$

其中 $Z=\{(i,j) \mid a_{ij}=0\}$. 于是 $C(A)$ 由下列条件定义

$$\sum_{j=1}^{n} x_{ij} = 1, i = 1, \cdots, n$$

$$\sum_{i=1}^{n} x_{ij} = 1, j = 1, \cdots, n$$

$$x_{ij} \geqslant 0, i, j = 1, \cdots, n$$

$$x_{ij} = 0, (i,j) \in Z$$

因为 $\boldsymbol{A}$ 在 $C(\boldsymbol{A})$ 的内部,且积和式函数在 $\boldsymbol{A}$ 外有一个绝对极小值, 故 $\boldsymbol{A}$ 必是一个稳定点. 于是可用 Lagrange 乘数法建立函数

$$F(\boldsymbol{X}) = \operatorname{per}(\boldsymbol{X}) - \sum_{i=1}^{n} \lambda_i \left(\sum_{k=1}^{n} x_{ik} - 1\right) - \sum_{j=1}^{n} \mu_j \left(\sum_{k=1}^{n} x_{kj} - 1\right)$$

其中 $\boldsymbol{X} \in C(\boldsymbol{A})$. 现在对 $(i,j) \overline{\in} Z$ 有

$$\frac{\partial F(\boldsymbol{X})}{\partial x_{ij}} = \operatorname{per}(\boldsymbol{X}(i \mid j)) - \lambda_i - \mu_j$$

从而

$$\operatorname{per}(\boldsymbol{A}(i \mid j)) = \lambda_i + \mu_j \tag{7}$$

于是

$$\operatorname{per}(\boldsymbol{A})=\sum_{j=1}^{n} a_{ij}\operatorname{per}(\boldsymbol{A}(i\mid j))=$$
$$\sum_{j=1}^{n} a'_{ij}(\lambda_i+\mu_j)=$$
$$\lambda_i+\sum_{j=1}^{n} a_{ij}\mu_j, i=1,\cdots,n \qquad (8)$$

类似地

$$\operatorname{per}(\boldsymbol{A})=\sum_{i=1}^{n} a_{ij}\operatorname{per}(\boldsymbol{A}(i\mid j))=$$
$$\mu_j+\sum_{i=1}^{n} a_{ij}\lambda_i, j=1,\cdots,n \qquad (9)$$

令 $e=(1,\cdots,1)$，$\lambda=(\lambda_1,\cdots,\lambda_n)$，$\mu=(\mu_1,\cdots,\mu_n)$，则式(8) 和式(9) 给出

$$\operatorname{per}(\boldsymbol{A})e=\lambda+\boldsymbol{A}\mu \qquad (10)$$
$$\operatorname{per}(\boldsymbol{A})e=\boldsymbol{A}^{\mathrm{T}}\lambda+\mu \qquad (11)$$

以 $\boldsymbol{A}^{\mathrm{T}}$ 左乘式(10) 并注意到 $\boldsymbol{A}^{\mathrm{T}}e=e$，得

$$\operatorname{per}(\boldsymbol{A})e=\boldsymbol{A}^{\mathrm{T}}\lambda+\boldsymbol{A}^{\mathrm{T}}\boldsymbol{A}\mu \qquad (12)$$

由式(12) 减去式(11)，得

$$\boldsymbol{A}^{\mathrm{T}}\boldsymbol{A}\mu=\mu$$

同理可得

$$\boldsymbol{A}^{\mathrm{T}}\boldsymbol{A}\lambda=\lambda$$

由引理 2 知，$\boldsymbol{A}$，$\boldsymbol{A}^{\mathrm{T}}$ 是完全不可分解的，从而，$\boldsymbol{A}^{\mathrm{T}}\boldsymbol{A}$ 和 $\boldsymbol{A}\boldsymbol{A}^{\mathrm{T}}$ 都是完全不可分解的，因此，它们中的每一个矩阵都有 1 作为单位特征值. 这就推出，λ 和 μ 都是 e 的倍数，不妨记为 $\lambda=ce$，$\mu=de$. 由式(7) 得

$$\operatorname{per}(\boldsymbol{A}(i\mid j))=c+d$$

所以，对一切 $(i,j)\,\overline{\in}\,Z$ 有

$$\text{per}(\boldsymbol{A})=\sum_{j=1}^{n}a_{ij}\text{per}(\boldsymbol{A}(i\mid j))$$
$$\sum_{j=1}^{n}a_{ij}(c+d)=c+d=$$
$$\text{per}(\boldsymbol{A}(i\mid j))$$

引理4(Landon)　如果$\boldsymbol{A}$是Ω_n的极小化矩阵,则对一切的i和j有

$$\text{per}(\boldsymbol{A}(i\mid j))\geqslant\text{per}(\boldsymbol{A})$$

证明(Minc)　设$\boldsymbol{P}=(p_{ij})$是$n\times n$置换矩阵,对于$0\leqslant\theta\leqslant1$,定义函数

$$f_{\boldsymbol{P}}(\theta)=\text{per}((1-\theta)\boldsymbol{A}+\theta\boldsymbol{P})$$

因$\boldsymbol{A}$是极小化矩阵,故对于任意的置换矩阵$\boldsymbol{P}$有

$$f'_{\boldsymbol{P}}(0)\geqslant0$$

但

$$f'_{\boldsymbol{P}}(0)=\sum_{s,t=1}^{n}(-a_{st}+p_{st})\text{per}(\boldsymbol{A}(s\mid t))=$$
$$\sum_{s,t=1}^{n}p_{st}\text{per}(\boldsymbol{A}(s\mid t))-n\text{per}(\boldsymbol{A})=$$
$$\sum_{s=1}^{n}\text{per}(\boldsymbol{A}(s\mid\sigma(s)))-n\text{per}(\boldsymbol{A})$$

其中σ是对应于$\boldsymbol{P}$的置换. 因此,对任意的置换σ,有

$$\sum_{s=1}^{n}\text{per}(\boldsymbol{A}(s\mid\sigma(s))\geqslant n\text{per}(\boldsymbol{A})\qquad(13)$$

现在,由引理2知,矩阵$\boldsymbol{A}$是完全不可分解的. 从而,$\boldsymbol{A}$中每个元素与另外$n-1$个正元素一同位于一条对角线上,换句话说,对于任意的(i,j),存在一个置换σ,使得$j=\sigma(i)$,且对$s=1,\cdots,i-1,i+1,\cdots,n,a_{s\sigma(s)}>0$. 但由引理3知,对于$s=1,\cdots,i-1,i+1,\cdots,n$,有

$$\text{per}(\boldsymbol{A}(s\mid\sigma(s)))=\text{per}(\boldsymbol{A})\qquad(14)$$

又因 $j=\sigma(i)$，故由式(13) 和式(14) 得出

$$\operatorname{per}(\boldsymbol{A}(i\mid j))\geqslant\operatorname{per}(\boldsymbol{A})$$

引理5　令 $\boldsymbol{A}=(a_{ij})$ 是 $n\times n$ 矩阵. 假设相应于 s 列和 t 列 $(s<t)$ 元素的积和式余因子是相等的，即 $\operatorname{per}(\boldsymbol{A}(i\mid s))=\operatorname{per}(\boldsymbol{A}(i\mid t))(i=1,\cdots,n)$，则把 $\boldsymbol{A}$ 的第 s 列和第 t 列都用它们的算术平均去代替，所得矩阵的积和式等于 $\boldsymbol{A}$ 的积和式，即

$$\operatorname{per}\left(a_1,\cdots,a_{s-1},\frac{a_s+a_t}{2},a_{s+1},\cdots,a_{t-1},\frac{a_s+a_t}{2},a_{t+1},\cdots,a_n\right)=\operatorname{per}(\boldsymbol{A})$$

证明　本引理的结论几乎显然，因为按积和式函数的多重线性，有

$$\begin{aligned}
&\operatorname{per}\Big(a_1,\cdots,\overset{s}{\frac{a_s+a_t}{2}},\cdots,\overset{t}{\frac{a_s+a_t}{2}},\cdots,a_n\Big)=\\
&\frac{\operatorname{per}(a_1,\cdots,a_s,\cdots,a_s,\cdots,a_n)}{4}+\\
&\frac{\operatorname{per}(a_1,\cdots,a_s,\cdots,a_t,\cdots,a_n)}{4}+\\
&\frac{\operatorname{per}(a_1,\cdots,a_t,\cdots,a_s,\cdots,a_n)}{4}+\\
&\frac{\operatorname{per}(a_1,\cdots,a_t,\cdots,a_s,\cdots,a_n)}{4}=\\
&\frac{\sum\limits_{j=1}^{n}a_{is}\operatorname{per}(\boldsymbol{A}(i\mid t))+\operatorname{per}(\boldsymbol{A})}{4}+\\
&\frac{\operatorname{per}(\boldsymbol{A})+\sum\limits_{i=1}^{n}a_{it}\operatorname{per}(\boldsymbol{A}(i\mid s))}{4}=
\end{aligned}$$

$$\frac{\sum_{i=1}^{n} a_{is}\mathrm{per}(\boldsymbol{A}(i \mid s)) + \mathrm{per}(\boldsymbol{A}) + \mathrm{per}(\boldsymbol{A})}{4} +$$

$$\frac{\sum_{i=1}^{n} a_{ir}\mathrm{per}(\boldsymbol{A}(i \mid t))}{4} = \mathrm{per}(\boldsymbol{A})$$

Marcus 和 Newman 曾期望证明一个极小化矩阵的一切积和式余因子都等于该矩阵的积和式. 这一结论加上引理 5 中的“平均过程”就可证明 van der Waerden 猜想. Egoryĉev 用 Landon 的结果(引理4) 加上他自己的定理(定理1) 获得了关于极小化双随机矩阵的积和式余因子的关键结果. 下面的定理给出了 Egoryĉev 的更一般的形式下的结果.

如果非负方阵的一切行(列) 和为 1, 则叫作行(列) 随机的.

定理 2 设 $\boldsymbol{A}$ 是 $n \times n$ 列(行) 随机矩阵, 满足

$$0 < \mathrm{per}(\boldsymbol{A}) \leqslant \mathrm{per}(\boldsymbol{A}(i \mid j)), i,j = 1,\cdots,n \tag{15}$$

则

$$\mathrm{per}(\boldsymbol{A}(i \mid j)) = \mathrm{per}(A), i,j = 1,\cdots,n$$

证明 令 $\boldsymbol{A} = (a_{ij})$ 是满足条件(15) 的列随机矩阵. 假设对某个 s 和 t, 不等式(15) 是严格的, 即

$$\mathrm{per}(\boldsymbol{A}(s \mid t)) > \mathrm{per}(\boldsymbol{A})$$

令 a_{sq} 是 $\boldsymbol{A}$ 的第 s 行的正元素, 其中 $q \neq t$, 这样的元素一定存在, 因为条件 $\mathrm{per}(\boldsymbol{A}(i \mid j)) > 0$(对一切 i 和 j). 保证 $\boldsymbol{A}$ 在每行中至少有两个正元素, 于是

$$a_{it}\mathrm{per}(\boldsymbol{A}(i \mid q)) \geqslant a_{it}\mathrm{per}(\boldsymbol{A}), i = 1,\cdots,n$$

$$a_{iq}\mathrm{per}(\boldsymbol{A}(i \mid t)) \geqslant a_{iq}\mathrm{per}(\boldsymbol{A}), i = 1,\cdots,n$$

如果当 $i = s$ 时有严格不等式

$$a_{sq}\operatorname{per}(\boldsymbol{A}(s\mid t)) > a_{sq}\operatorname{per}(\boldsymbol{A})$$

则由定理1的推论1知

$$\begin{aligned}(\operatorname{per}(\boldsymbol{A}))^2 \geqslant & \left(\sum_{i=1}^{n} a_{iq}\operatorname{per}(\boldsymbol{A}(i\mid t))\right) \times \\ & \left(\sum_{i=1}^{n} a_{it}\operatorname{per}(\boldsymbol{A}(i\mid q))\right) > \\ & \left(\sum_{i=1}^{n} a_{iq}\operatorname{per}(\boldsymbol{A})\right)\left(\sum_{i=1}^{n} a_{it}\operatorname{per}(\boldsymbol{A})\right) = \\ & (\operatorname{per}(\boldsymbol{A}))^2\end{aligned}$$

这个矛盾证明 $\operatorname{per}(\boldsymbol{A}(s\mid t))$ 对任意的 s 和 t 都不大于 $\operatorname{per}(\boldsymbol{A})$.

当 $\boldsymbol{A}$ 是行随机的情况证明类似.

由第13章定理1的推论1和引理4直接给出如下的结果.

定理2(Egoryĉev)　若 $\boldsymbol{A}$ 是 Ω_n 中的极小化矩阵,则

$$\operatorname{per}(\boldsymbol{A}(i\mid j)) = \operatorname{per}(\boldsymbol{A}), i,j = 1,\cdots,n$$

推论1　如果 $\boldsymbol{A}$ 是 Ω_n 中的极小化矩阵,则对任意的 q 和 t,$1 \leqslant q < t \leqslant n$,有

$$\begin{aligned}(\operatorname{per}(\boldsymbol{A}))^2 = & \left(\sum_{i=1}^{n} a_{iq}\operatorname{per}(\boldsymbol{A}(i\mid j))\right) \times \\ & \left(\sum_{i=1}^{n} a_{it}\operatorname{per}(\boldsymbol{A}(i\mid q))\right)\end{aligned}$$

推论2　如果 $\boldsymbol{A}$ 是 Ω_n 中的极小化矩阵,且 $\boldsymbol{B}$ 是把 $\boldsymbol{A}$ 的任意两列都以它们的算术平均代替后所得的矩阵,则 $\operatorname{per}(\boldsymbol{B}) = \operatorname{per}(\boldsymbol{A})$.

现在一切就绪可以证明 van der Waerden 猜想了.

定理3　如果 $\boldsymbol{S} \neq \boldsymbol{J}_n$ 是 $n \times n$ 双随机矩阵,则

$$\mathrm{per}(\boldsymbol{S}) > \mathrm{per}(\boldsymbol{J}_n) = \frac{n!}{n^n}$$

证明 设 $\boldsymbol{A}$ 是 Ω_n 中的极小化矩阵. 我们来证明: $\boldsymbol{A}=\boldsymbol{J}_n$. 由引理 2 知,矩阵 $\boldsymbol{A}$ 是完全不可分解的. 从而其每行至少有两个正元素. 考虑 $\boldsymbol{A}$ 的第 j 列,对 $\boldsymbol{A}$ 的不是第 j 列的每一对列反复应用引理 5 中的"平均过程",经有限次之后,可以得到一个双随机矩阵 $\boldsymbol{G}$,其所有的列,其中第 j 列可能除外,都是正的. 由推论 3 知, $\mathrm{per}(\boldsymbol{G})=\mathrm{per}(\boldsymbol{A})$,从而 $\boldsymbol{G}$ 也是 Ω_n 的极小化矩阵,因此,对任意整数 $i,1\leqslant i\leqslant n,i\neq j$,在矩阵的集合中可求一个极小化矩阵.

第三编

van der Waerden 猜想的一些补充

关于 van der Waerden 猜想的 Egoritsjev 的证明的注记[①]

第 18 章

1926 年,van der Waerden 提出了以下的猜想:设 $\boldsymbol{A}$ 为 n 阶二重随机方阵,则

$$\operatorname{per}(\boldsymbol{A}) \geqslant \frac{n!}{n^n}$$

当且仅当 $\boldsymbol{A} = n^{-1}\boldsymbol{J}$ 时等式成立,这里 $\boldsymbol{J}$ 是元素全为 1 的方阵. van der Waerden 猜想是关于正项行列式的一个极为重要的猜想,它成为研究正项行列式的一个中心课题. 数学家们经过半个多世纪的努力,van der Waerden 猜想终于在 1980 年由苏联数学家 G. P. Egoritsjev 所证实. Egoritsjev 的证明在苏联克拉斯诺亚尔斯克的基伦斯基物理研究所的预印本上发表. J. H. van Lint 在自己的文章中以简洁明了的叙述讨论了 Egoritsjev 的证明.

① 作者 J. H. van Lint.

1. 引　　言

设 $\boldsymbol{A}$ 是 $n\times n$ 矩阵,其元为 $a_{ij}(i=1,\cdots,n;j=1,\cdots,n)$,则 $\boldsymbol{A}$ 的正项行列式(记为 $\mathrm{per}(A)$) 定义为

$$\mathrm{per}(\boldsymbol{A})=\sum_{\sigma\in S_n}a_{1\sigma}a_{2\sigma(2)}\cdots a_{n\sigma(n)} \tag{1}$$

其中 S_n 表示 n 个文字上的对称群. 以下我们将经常把 $\boldsymbol{A}$ 的列视为 $\mathbf{R}^n$ 中的向量,并记为

$$\mathrm{per}(\boldsymbol{A})=\mathrm{per}(\boldsymbol{a}_1,\boldsymbol{a}_2,\cdots,\boldsymbol{a}_n)$$

其中

$$\boldsymbol{a}_j=(a_{1j},a_{2j},\cdots,a_{nj})^{\mathrm{T}},j=1,\cdots,n$$

由式(1) 显然可知,$\mathrm{per}(\boldsymbol{A})$ 是 a_j 的线性函数(对每个 j). 如果我们用 $\boldsymbol{A}(i\mid j)$ 表示从 $\boldsymbol{A}$ 中删去第 i 行和第 j 列而得到的矩阵,则由式(1) 可得

$$\mathrm{per}(\boldsymbol{A})=\sum_{i=1}^{n}a_{ij}\mathrm{per}[\boldsymbol{A}(i\mid j)],j=1,\cdots,n \tag{2}$$

当删去更多的行和列时,我们将使用类似的记号(其意义自明).

如果 $\boldsymbol{A}$ 的所有元都是非负的,且 $\boldsymbol{A}$ 的每一行与 $\boldsymbol{A}$ 的每一列元素的和均为 1,则 $\boldsymbol{A}$ 称为二重随机矩阵. 所有这种矩阵的全体记为 Ω_n. 在这一类矩阵中,最简单的矩阵是每个元均为 n^{-1} 的矩阵,这样的矩阵记为 $\boldsymbol{J}_n$. 显然 $\mathrm{per}(\boldsymbol{J}_n)=\dfrac{n!}{n^n}$. 下面的陈述即为熟知的 van dcr Waerden 猜想.

van der Waerden **猜想**　若 $\boldsymbol{A}\in\Omega_n$,且 $\boldsymbol{A}\neq\boldsymbol{J}_n$,则 $\mathrm{per}(\boldsymbol{A})>\mathrm{per}(\boldsymbol{J}_n)$. 我们将称 Ω_n 中适合 $\mathrm{per}(\boldsymbol{A})=\min\{\mathrm{per}(\boldsymbol{s})\mid \boldsymbol{s}\in\Omega_n\}$ 的矩阵为极小矩阵.

猜想已被 G. P. Egoritsjev 所证实. 其证明基于一个关于正项行列式的不等式,此不等式可以从 A. D. Alexandroff 关于正定二次型的一个结果得出. 这一结论并不容易得到,而且也比我们所需要的更强(同时证明也稍显艰涩).

2. Alexandroff 不等式

下述关于正项行列式的不等式可以作为 A. D. Alexandroff 的一个定理的特殊情形.

定理 1 设 $\boldsymbol{a}_1,\boldsymbol{a}_2,\cdots,\boldsymbol{a}_{n-1}$ 是 $\mathbf{R}^n$ 中具有正坐标的向量,又设 $\boldsymbol{b}\in\mathbf{R}^n$,则

$$(\mathrm{per}(\boldsymbol{a}_1,\boldsymbol{a}_2,\cdots,\boldsymbol{a}_{n-1},\boldsymbol{b}))^2\geqslant$$
$$\mathrm{per}(\boldsymbol{a}_1,\cdots,\boldsymbol{a}_{n-1},\boldsymbol{a}_{n-1},\boldsymbol{a}_{n-1})\mathrm{per}(\boldsymbol{a}_1,\cdots,\boldsymbol{a}_{r-2},\boldsymbol{b},\boldsymbol{b}) \tag{3}$$

当且仅当 $\boldsymbol{b}=\lambda\boldsymbol{a}_{n-1}$ 时等式成立,其中 λ 为某个常数.

注 如果我们只要求向量 $\boldsymbol{a}_i$ 的坐标是非负的,则不等式(2) 显然也是成立的. 这时无法断言有关等式成立的推论.

下述定理是定理 1 的一个显而易见的推论.

定理 2 设 $\boldsymbol{a}_1,\boldsymbol{a}_2,\cdots,\boldsymbol{a}_{n-1}$ 是 $\mathbf{R}^n$ 中具有正坐标的向量,则 $\forall\boldsymbol{b}\in\mathbf{R}^n$ 有

$$\mathrm{per}(\boldsymbol{a}_1,\cdots,\boldsymbol{a}_{n-1},\boldsymbol{b})=0\Rightarrow$$
$$\mathrm{per}(\boldsymbol{a}_1,\cdots,\boldsymbol{a}_{n-2},\boldsymbol{b},\boldsymbol{b})\leqslant 0 \tag{4}$$

当且仅当 $b=0$ 时右边的等式成立.

反过来,定理 1 是定理 2 的一个推论. 为证明这一点,我们用下式定义 λ,即

$$\mathrm{per}(\boldsymbol{a}_1,\cdots,\boldsymbol{a}_{n-1},\boldsymbol{b})=\lambda\,\mathrm{per}(\boldsymbol{a}_1,\cdots,\boldsymbol{a}_{n-1},\boldsymbol{a}_{n-1}) \tag{5}$$

并在式(4)中用$\boldsymbol{b}-\lambda\boldsymbol{a}_{n-1}$代替$\boldsymbol{b}$. 我们在式(4)的右边用式(5)消去$\lambda$,其结果便是不等式(2),而且当且仅当$\boldsymbol{b}=\lambda\boldsymbol{a}_{n-1}$时等式成立. 所以,为了证明定理1,只需证明定理2即可. 证明是对n用归纳法. 我们从验证定理2对$n=2$成立开始,设$\boldsymbol{a}=(\boldsymbol{a}_1,\boldsymbol{a}_2)^{\mathrm{T}}$,其中$\boldsymbol{a}_1>0$,$\boldsymbol{a}_2>0$. 如果$\mathrm{per}(\boldsymbol{a},\boldsymbol{b})=\boldsymbol{a}_1\boldsymbol{b}_2+\boldsymbol{a}_2\boldsymbol{b}_1=0$,则$\boldsymbol{b}_1\boldsymbol{b}_2\leqslant 0$. 因此$\mathrm{per}(\boldsymbol{a},\boldsymbol{b})=2\boldsymbol{b}_1\boldsymbol{b}_2\leqslant 0$. 显然当且仅当$\boldsymbol{b}=\boldsymbol{0}$时等式成立.

我们现在转到$\mathbf{R}^n$的情况,并假设定理2对$n-1$是成立的. 设

$$q_{ij}=\begin{cases}\mathrm{per}(a_1,\cdots,a_{n-2},x,x)(i,j\mid n-1,n),\text{当}1\leqslant i\leqslant n,\\ 1\leqslant j\leqslant n,i\neq j\text{时}\\ 0,\text{当}i=j\text{时}\end{cases}\tag{6}$$

设$\boldsymbol{Q}$是元为q_{ij}的矩阵,则当$\boldsymbol{x}=(x_1,\cdots,x_n)^{\mathrm{T}}$时,我们有

$$\mathrm{per}(\boldsymbol{a}_1,\cdots,\boldsymbol{a}_{n-2},\boldsymbol{x},\boldsymbol{x})=\sum_{i=1}^{n}\mathrm{per}(\boldsymbol{a}_1,\cdots,\boldsymbol{a}_{n-2},\boldsymbol{x},\boldsymbol{x})(i\mid n)_{ix}=\sum_{i=1}^{n}x_i\sum_{j\neq i}\mathrm{per}(\boldsymbol{a}_1,\cdots,\boldsymbol{a}_{n-2},\boldsymbol{x},\boldsymbol{x})\cdot(i,j\mid n-1,n)x_j=\boldsymbol{x}^{\mathrm{T}}\boldsymbol{Q}\boldsymbol{X}\tag{7}$$

引理1 如果$\mathbf{R}^n$中的向量$\boldsymbol{a}_1,\cdots,\boldsymbol{a}_{n-2}$具有正的坐标,则$\boldsymbol{Q}$的特征根不为零.

证明 假定$\boldsymbol{Q}_c=\boldsymbol{0}$,即对每个$i$均有$\mathrm{per}(\boldsymbol{a}_1,\cdots,\boldsymbol{a}_{n-2},\boldsymbol{c},\boldsymbol{x})(i\mid n)=0$. 则由归纳假设,我们即有对一切$i$,$\mathrm{per}(\boldsymbol{a}_1,\cdots,\boldsymbol{a}_{n-3},\boldsymbol{c},\boldsymbol{c},\boldsymbol{x})(i\mid n)\leqslant 0$,且对一切$i$等式成立的充要条件是$\boldsymbol{c}=\boldsymbol{0}$. 我们用$\boldsymbol{a}_{1,n-2}$乘这个不等式,并对$i$求和,得到$\boldsymbol{c}^{\mathrm{T}}\boldsymbol{Q}_c\leqslant 0$. 既然根据定义,这一表达式应为零,故我们必有$\boldsymbol{c}=\boldsymbol{0}$. 证毕.

引理2 在前一引理的假设下,矩阵$\boldsymbol{Q}$恰有一个

正特征根.

证明 设 $\boldsymbol{j}:=(1,1,\cdots,1)^{\mathrm{T}}$. 我们考虑二次型 $\boldsymbol{x}^{\mathrm{T}}\boldsymbol{Q}x_{\theta}$,其定义如下

$$\boldsymbol{x}^{\mathrm{T}}\boldsymbol{Q}\boldsymbol{x}_{\theta}:=\operatorname{per}((1-\theta)\boldsymbol{j}+\theta\boldsymbol{a}_1,\cdots,(1-\theta)\boldsymbol{j}+\theta\boldsymbol{a}_{n-2},\boldsymbol{x},\boldsymbol{x})$$

对于[0,1] 中的每个 θ,这个二次型满足引理 1 的条件,即它没有一个特征根为零. 由于特征根是 θ 的连续函数,因此我们知道,只要对 $\theta=0$ 证明引理 2 的断言即可. 但在这种情况下,因为 $\theta_0=(n-2)!\ (nJ_n-1)$,故断言是显然的. 证毕.

我们需要一个颇为显然的引理,为完整起见,我们引述如下:

引理 3 若 $\boldsymbol{Q}$ 与前一引理中相同,$\boldsymbol{E}$ 是对角矩阵 $\operatorname{diag}(e_1,\cdots,e_n)$,其中 $e_i>0(i=1,\cdots,n)$,则 $\boldsymbol{E}^{-\frac{1}{2}}\boldsymbol{Q}\boldsymbol{E}^{-\frac{1}{2}}$ 也恰有一个正特征根.

证明 这是 Sylvester 惯性定理的特殊情况. 当然在这种情形下,用如同上一引理中的同一类型的连续性的论证,证明过程是显然的. 证毕.

定理 2 的证明 假定 $\operatorname{per}(\boldsymbol{a}_1,\cdots,\boldsymbol{a}_{n-1},\boldsymbol{b})=0$. 定义 $\boldsymbol{E}:=\operatorname{diag}(e_1,\cdots,e_n)$,其中

$$e_i:=\operatorname{per}(\boldsymbol{a}_1,\cdots,\boldsymbol{a}_{n-1},\boldsymbol{b})\ \frac{(i\mid n)}{\boldsymbol{a}_i},n-1$$

则这一定义蕴含着

$$\boldsymbol{Q}\boldsymbol{a}_{n-1}=\boldsymbol{E}\boldsymbol{a}_{n-1}$$

即 $\boldsymbol{E}^{\frac{1}{2}}\boldsymbol{a}_{n-1}$ 是矩阵 $\boldsymbol{E}^{-\frac{1}{2}}\boldsymbol{Q}\boldsymbol{E}^{-\frac{1}{2}}$ 的属于特征根 1 的特征向量. 我们关于 b 的假设可以表示为 $(\boldsymbol{E}^{\frac{1}{2}}\boldsymbol{b})^{\mathrm{T}}(\boldsymbol{E}^{\frac{1}{2}}\boldsymbol{a}_{n-1})=\boldsymbol{0}$,即 $\boldsymbol{E}^{\frac{1}{2}}\boldsymbol{b}$ 垂直于 $\boldsymbol{E}^{\frac{1}{2}}\boldsymbol{a}_{n-1}$. 由于 $\boldsymbol{E}^{-\frac{1}{2}}\boldsymbol{Q}\boldsymbol{E}^{-\frac{1}{2}}$ 是对称的,并且它的所有特征根除了 1 对应于 $\boldsymbol{E}^{\frac{1}{2}}\boldsymbol{a}_{n-1}$,都是负的,我

们便得到

$$(\boldsymbol{E}^{\frac{1}{2}}\boldsymbol{b})^{\mathrm{T}}(\boldsymbol{E}^{-\frac{1}{2}}\boldsymbol{Q}\boldsymbol{E}^{-\frac{1}{2}})(\boldsymbol{E}^{\frac{1}{2}}b)=\boldsymbol{b}^{\mathrm{T}}\boldsymbol{Q}\boldsymbol{B}\leqslant 0$$

其中当且仅当 $b=0$ 时等式成立. 根据式(7),这就是我们所要证明的断言.

J. J. Seidel 观察到,下述途径虽然本质上同上面所做的一样,但更能洞察到定理 1 的意义.

定义 Lorentz 空间为 $d+1$ 维实向量空间,它具有非退化对称内积 $(\boldsymbol{x},\boldsymbol{y})$,其符号为 $(1,d)$(即对于相应的矩阵有一个正特征根). 根据 Sylvester 惯性定理,不存在这样的平面,在其上二次型是正定的. 因此,每一个包含有适合 $(\boldsymbol{x},\boldsymbol{x})=0$ 的向量 $\boldsymbol{x}$ 的平面一定包含一个非零的向量 $\boldsymbol{y}$,使得 $(\boldsymbol{y},\boldsymbol{y})=0$. 这意味着,当 $(\boldsymbol{a},\boldsymbol{a})>0$,$b$ 任意时,我们有

$$(\boldsymbol{a},\boldsymbol{b})^2\geqslant(\boldsymbol{a},\boldsymbol{a})\cdot(\boldsymbol{b},\boldsymbol{b})\qquad(8)$$

因为有一个 λ 的值,使得 $(\boldsymbol{a}+\lambda\boldsymbol{b},\boldsymbol{a}+\lambda\boldsymbol{b})=0$,即这一式子的判别式是正的.

随即可以看到,引理 1 和引理 2 是下一断言的证明:

如果我们定义 $(\boldsymbol{x},\boldsymbol{y})=\boldsymbol{x}^{\mathrm{T}}\boldsymbol{Q}\boldsymbol{y}$,$\boldsymbol{Q}$ 同式(6),则具有 $(\boldsymbol{x},\boldsymbol{y})$ 的 $\mathbf{R}^n$ 是一个 Lorentz 空间.

于是定理 1 可由式(7) 和式(8) 得到.

3. 最早有关 van der Waerden 猜想的结果

在这一节我们回顾一些关于极小矩阵的定理,它们将引出 Landon 定理. 这些结论大多数将只叙述而不进行证明,因为证明是容易得到的.

(1) 设 $\boldsymbol{A}$ 是 $n\times n$ 非负矩阵,则 $\mathrm{per}(\boldsymbol{A})=0$ 的充要

条件是 $\boldsymbol{A}$ 包含一个 $s\times t$ 零子矩阵，使得 $s+t=n+1$.

(2) 如果它包含一个 $k\times(n-k)$ 零子矩阵，则 $\boldsymbol{A}$ 称为部分可分解的. 否则，$\boldsymbol{A}$ 称为完全不可分解的.

(3) 如果 $\boldsymbol{A}\in\Omega_a$，且 A 是部分可分解的，则有置换方阵 $\boldsymbol{P}$ 和 $\boldsymbol{Q}$，使得 $\boldsymbol{PAQ}$ 是 Ω_R 的一个元与 Ω_{n-k} 的一个元的直和(对某个 k).

(4) 如果 $\boldsymbol{A}\in\Omega_n$，则 $\mathrm{per}(\boldsymbol{A})>0$.

(5) 如果 $\boldsymbol{A}\in\Omega_n$ 是极小矩阵，则 $\boldsymbol{A}$ 是完全不可分解的.

(6) 如果 $\boldsymbol{A}\in\Omega_n$ 是极小矩阵，且 $a_{hk}>0$，则 $\mathrm{per}(\boldsymbol{A}(h\mid k))=\mathrm{per}(\boldsymbol{A})$.

(7) 如果 $\boldsymbol{A}\in\Omega_n$ 是极小矩阵，且对一切 h 和 k，$a_{hk}>0$，则 $\boldsymbol{A}=\boldsymbol{J}_n$.

定理3(D. Landon) 如果 $\boldsymbol{A}\in\Omega_n$ 是极小矩阵，则对一切 i 和 j，$\mathrm{per}(\boldsymbol{A}(i\mid j))\geqslant\mathrm{per}(\boldsymbol{A})$.

证明 设 $\boldsymbol{P}$ 是相应于置换 σ 的置换矩阵. 对于 $0\leqslant\theta\leqslant1$，定义 $f_P(\theta):=\mathrm{per}((1-\theta)\boldsymbol{A}+\theta\boldsymbol{P})$.

根据定义，我们一定有 $f'_P(0)\geqslant0$. 由于 $(1-\theta)\boldsymbol{A}+\theta\boldsymbol{P}$ 的每一个元是 θ 的线性函数，故由式(2)我们得到

$$f'_P(0)=\sum_{i=1}^{n}\sum_{j=1}^{n}(-a_{ij}+p_{ij})\mathrm{per}(\boldsymbol{A}(i\mid j))=\sum_{s=1}^{n}\mathrm{per}(\boldsymbol{A}(s\mid\sigma(s)))-n\mathrm{per}(\boldsymbol{A})$$

因此，对每个置换 σ，我们有

$$\sum_{s=1}^{n}\mathrm{per}(\boldsymbol{A}(s\mid\sigma(s)))\geqslant n\mathrm{per}(\boldsymbol{A})\tag{9}$$

从式(5)和式(1)可得，对每一对 i,j，有一置换 σ，使得 $j=\sigma(i)$，且 $a_s\sigma(s)>0$，其中 $1\leqslant s\leqslant n,s\neq i$. 由此

推出,在式(9)中左边的具有 $s \neq i$ 的项等于 $\text{per}(\boldsymbol{A})$,由此便得到结论. 证毕.

注 人们还不知道,"对一切 i 和 j,$\boldsymbol{A} \in \Omega_n$ 为极小多项式 $\Rightarrow \text{per}(\boldsymbol{A}(i|j)) = \text{per}(\boldsymbol{A})$"的证明可推出猜想是正确的. 然而,Egoritsjev 并没利用这一事实,因为不用这一陈述相对地说是容易完成证明的.

4. van der Waerden 猜想的证明

我们先证明一个足可证明猜想的定理(见定理 3 的注).

定理 4 设 $\boldsymbol{A} \in \Omega_n$ 是一个极小矩阵,则对一切 i 和 j,$\text{per}(\boldsymbol{A}(i|j)) = \text{per}(\boldsymbol{A})$.

证明 假定命题不成立,则由定理 3 知,有一对 r,s,使得 $\text{per}(\boldsymbol{A}(r|s)) > \text{per}(\boldsymbol{A})$. 对于这个 r,有一个 t,使得 $a_{rt} > 0$. 我们现在应用定理 1 知

$$
\begin{aligned}
(\text{per}(\boldsymbol{A}))^2 = {} & \text{per}(a_1,\cdots,a_s,\cdots,a_t\cdots,a_n)^2 \cdots \\
& \text{per}(a_1,\cdots,a_s,\cdots,a_s,\cdots,a_n) \cdot \\
& \text{per}(a_1,\cdots,a_t,\cdots,a_t,\cdots,a_n) = \\
& \left(\sum_{k=1}^{n} a_{ks}\text{per}(\boldsymbol{A}(k|t))\right) \cdot \\
& \left(\sum_{k=1}^{n} a_{ks}\text{per}(\boldsymbol{A}(k|s))\right)
\end{aligned}
$$

在右边每一子正项行列式都至少是 $\text{per}(\boldsymbol{A})$,而 $\text{per}(\boldsymbol{A}(i|j)) > \text{per}(\boldsymbol{A})$. 由于 $\text{per}(\boldsymbol{A}(r|s))$ 被乘上一个正数 a_{rt},故右边大于 $(\text{per}(\boldsymbol{A}))^2$,矛盾. 证毕.

定理 5 若 $\boldsymbol{A} = (a_1,\cdots,a_n) \in \Omega_n$ 是一个极小矩阵,而 $\boldsymbol{A}'$ 是由 $\boldsymbol{A}$ 中用 $\frac{1}{2}(a_i + a_j)$ 替代 a_i 和 a_j 而得到的

矩阵,则 $\boldsymbol{A}'$ 仍是 Ω_n 中的一个极小矩阵,因此定理 4 可应用于 $\boldsymbol{A}'$.

证明　显然 $\boldsymbol{A}' \in \Omega_n$,由式(2) 和定理 4 知,我们有

$$\begin{aligned}\operatorname{per}(\boldsymbol{A}') = &\frac{1}{2}\operatorname{per}(\boldsymbol{A}) + \frac{1}{4}\operatorname{per}(a_j,\cdots,a_i,a_i,\cdots,a_n) + \\ &\frac{1}{4}\operatorname{per}(a_1,\cdots,a_j,\cdots,a_j,\cdots,a,\cdots,a_n) = \\ &\frac{1}{2}\operatorname{per}(\boldsymbol{A}) + \frac{1}{4}\sum_{k=1}^{n} a_{kj}\operatorname{per}(\boldsymbol{A}(k \mid j)) + \\ &\frac{1}{4}\sum_{k=1}^{n} a_{kj}\operatorname{per}(\boldsymbol{A}(k \mid i)) = \\ &\operatorname{per}(\boldsymbol{A})\end{aligned}$$

今设 $\boldsymbol{A}$ 是 Ω_n 中的极小矩阵. 我们考虑 $\boldsymbol{A}$ 的任意一列,比如说 a_n. 从式(5) 可得,在 $\boldsymbol{A}$ 的每一行均有一个正元在其他的一列上. 因此应用定理 5,得一极小矩阵 $\boldsymbol{A}'$,它仍以 a_n 为最后一列,而其他的列为 $a'_1,\cdots,a'_{n-1}$,它们都具有正的坐标. 我们把定理 1 应用于 $\operatorname{per}(a'_1,\cdots,a'_{n-1},a_n)$,由定理4 便得对每个 $i \leqslant n-1$,a_n 是 a'_i 的倍数. 既然 $a'_1 + \cdots + a'_{n-1} + a_n = j$,这就意味着 $a_n = n^{-ij}$. 由于我们所取的是 $\boldsymbol{A}$ 的任意一列,故猜想的证明就完成了.

关于 van der Waerden 猜想的一些结果

第19章

1. 引　言

对于 n 阶双随机矩阵 $\boldsymbol{A}$，确定其积和式 per($\boldsymbol{A}$) 的最小值，一直是一个难题. 早在 1926 年 van der Waerden 猜想下列不等式成立

$$\mathrm{per}(\boldsymbol{A}) \geqslant \frac{n!}{n^n}$$

其中等号成立当且仅当 $\boldsymbol{A} = n^{-1}\boldsymbol{J}$，$\boldsymbol{J}$ 为全 1 阵.

这一著名猜想近年已得到证实，河北师范大学数学系的宋占杰和徐常青两位教授于 1996 年从另一个角度出发，将 van der Waerden 猜想转化为 n^2 个变量的函数的条件极值问题. 证明了 $\frac{n!}{n^n}$ 为 per($\boldsymbol{A}$) 的极小值，为进一步证实 van der Waerden 猜想奠定了基础.

2. 转化为多元函数的极值问题

命题 1 设函数 $f = \mathrm{per}(\boldsymbol{A})$,$\boldsymbol{Z} = (x_{ij})_{n\times n}$,且

$$\sum_{j=1}^{n} x_{ij} = 1, i = 1,2,\cdots,n$$

$$\sum_{i=1}^{n} x_{ij} = 1, j = 1,2,\cdots,n$$

x_{ij} 为变量($i,j = 1,2,\cdots,n$),则$(\frac{1}{n},\frac{1}{n},\cdots,\frac{1}{n})_{1\times n^2}$ 为 $f = \mathrm{per}(\boldsymbol{Z})$ 的极小值极点.

证明 作拉格朗日函数

$$L = \mathrm{per}(\boldsymbol{Z}) + \sum_{i=1}^{n} \lambda_i(1 - \sum_{j=1}^{n} x_{ij}) + \sum_{j=1}^{n} \mu_j(1 - \sum_{i=1}^{n} x_{ij})$$

令 L 关于 x_{ij} 的偏导数为零,并用 $\boldsymbol{M}_{ij}$ 表示 $\boldsymbol{Z}$ 中去掉第 i 行第 j 列所得到的矩阵,得

$$\frac{\partial L}{\partial x_{ij}} = \mathrm{per}(\boldsymbol{M}_{ij}) - \lambda_i - \mu_j = 0$$

$$i,j = 1,2,\cdots,n$$

所以

$$\mathrm{per}(\boldsymbol{M}_{ij}) = \lambda_i + \mu_j$$

两边同乘 x_{ij},得

$$x_{ij}\mathrm{per}(\boldsymbol{M}_{ij}) = x_{ij}(\lambda_i + \mu_j)$$

所以

$$\sum_{i=1}^{n}\sum_{j=1}^{n} x_{ij}\mathrm{per}(\boldsymbol{M}_{ij}) =$$

$$\sum_{i=1}^{n}\sum_{j=1}^{n} x_{ij}(\lambda_i + \mu_j) =$$

$$\sum_{i=1}^{n}\lambda_i(\sum_{j=1}^{n}x_{ij})+\sum_{j=1}^{n}\mu_j(\sum_{i=1}^{n}x_{ij})=$$

$$\sum_{i=1}^{n}\lambda_i+\sum_{j=1}^{n}\mu_j=$$

$$\frac{1}{n}(\sum_{i=1}^{n}n\lambda_i+\sum_{j=1}^{n}n\mu_j)=$$

$$\frac{1}{n}\sum_{i=1}^{n}\sum_{j=1}^{n}(\lambda_i+\mu_j)=$$

$$\frac{1}{n}\sum_{i=1}^{n}\sum_{j=1}^{n}\mathrm{per}(\boldsymbol{M}_{ij})$$

即

$$\sum_{i=1}^{n}\sum_{j=1}^{n}\left(x_{ij}-\frac{1}{n}\right)\mathrm{per}(\boldsymbol{M}_{ij})=0$$

所以 $x_{ij}=\frac{1}{n},i,j=1,2,\cdots,n$ 为其中一解，即 $(\frac{1}{n},\frac{1}{n},\cdots,\frac{1}{n})_{1\times n^2}$ 为可能的极值点.

再由

$$x_{ij}=\frac{1}{n}\text{ 和}\frac{\partial L}{\partial x_{ij}}=0,i,j=1,2,\cdots,n$$

解得

$$\lambda_i=\mu_j=\frac{1}{2}\frac{(n-1)!}{n^{n-1}},i,j=1,2,\cdots,n$$

以下进一步判定 $(\frac{1}{n},\frac{1}{n},\cdots,\frac{1}{n})_{1\times n^2}$ 是否为极小值点.

由于

$$L=\mathrm{per}(\boldsymbol{Z})+\sum_{i=1}^{n}\lambda_i(1-\sum_{j=1}^{n}x_{ij})+$$

$$\sum_{j=1}^{n}\mu_j(1-\sum_{i=1}^{n}x_{ij})$$

所以

$$\mathrm{d}L=\sum_{i=1}^{n}\mathrm{per}\begin{pmatrix} x_{11} & x_{12} & \cdots & x_{1n}\\ x_{21} & x_{22} & \cdots & x_{2n}\\ \vdots & \vdots & & \vdots\\ \mathrm{d}x_{i1} & \mathrm{d}x_{i2} & \cdots & \mathrm{d}x_{in}\\ \vdots & \vdots & & \vdots\\ x_{n1} & x_{n2} & \cdots & x_{nn}\end{pmatrix}-$$

$$\sum_{i=1}^{n}\sum_{j=1}^{n}(\lambda_i\mathrm{d}x_{ij}+\mu_j\mathrm{d}x_{ij})$$

在点$(\frac{1}{n},\frac{1}{n},\cdots,\frac{1}{n})_{1\times n^2}$处 L 的二阶微分

$$\mathrm{d}^2L=2\sum_{i<j}\mathrm{per}\begin{pmatrix} \frac{1}{n} & \frac{1}{n} & \cdots & \frac{1}{n}\\ \vdots & \vdots & & \vdots\\ \mathrm{d}x_{i1} & \mathrm{d}x_{i2} & \cdots & \mathrm{d}x_{in}\\ \vdots & \vdots & & \vdots\\ \mathrm{d}x_{j1} & \mathrm{d}x_{j2} & \cdots & \mathrm{d}x_{jn}\\ \vdots & \vdots & & \vdots\\ \frac{1}{n} & \frac{1}{n} & \cdots & \frac{1}{n}\end{pmatrix}\qquad(*)$$

其中 $\mathrm{d}x_{ik}$ 还受方程组

$$\begin{cases}\sum_{k=1}^{n}x_{ik}=1,i=1,2,\cdots,n & (1)\\ \sum_{j=1}^{n}x_{jk}=1,k=1,2,\cdots,n & (2)\end{cases}$$

的限制. 将各方程两端微分, 整理, 在$\left(\frac{1}{n},\frac{1}{n},\cdots,\frac{1}{n}\right)_{1\times n^2}$处有

$$\begin{cases}\mathrm{d}x_{in}=-\sum\limits_{k=1}^{n-1}\mathrm{d}x_{ik},i=1,2,\cdots,n & (3)\\ \mathrm{d}x_{nk}=-\sum\limits_{j=1}^{n}\mathrm{d}x_{jk},k=1,2,\cdots,n & (4)\end{cases}$$

将式(3)组代入式(*)有

$$\mathrm{d}^2L=2\sum_{i<j}\mathrm{per}\begin{pmatrix}\frac{1}{n} & \frac{1}{n} & \cdots & \frac{1}{n}\\ \vdots & \vdots & & \vdots\\ \mathrm{d}x_{i1} & \mathrm{d}x_{i2} & \cdots & -\sum\limits_{k=1}^{n-1}\mathrm{d}x_{ik}\\ \vdots & \vdots & & \vdots\\ \mathrm{d}x_{j1} & \mathrm{d}x_{j2} & \cdots & -\sum\limits_{k=1}^{n-1}\mathrm{d}x_{jk}\\ \vdots & \vdots & & \vdots\\ \frac{1}{n} & \frac{1}{n} & \cdots & \frac{1}{n}\end{pmatrix}=$$

$$-\frac{2(n-2)!}{n^{n-2}}\sum_{k=1}^{n-1}\sum_{i<j}\mathrm{d}x_{ik}\mathrm{d}x_{jk}$$

即

$$\mathrm{d}^2L=-\frac{2(n-2)!}{n^{n-2}}\sum_{k=1}^{n-1}\left(\sum_{\substack{i<j\\ j\neq n}}\mathrm{d}x_{ik}\mathrm{d}x_{jk}+\sum_{\substack{i=1\\ j=n}}^{n-1}\mathrm{d}x_{ik}\mathrm{d}x_{nk}\right)$$

将式(4)代入上式

$$\mathrm{d}^2L=-\frac{2(n-2)!}{n^{n-2}}\sum_{k=1}^{n-1}\times$$

$$[\sum_{\substack{i<j\\ j\neq n}} dx_{ik}dx_{jk} - \sum_{i=1}^{n-1} dx_{ik}(\sum_{j=1}^{n-1} dx_{jk})] =$$

$$\frac{2(n-2)!}{n^{n-2}}\sum_{k=1}^{n-1}(\sum_{i=1}^{n-1} dx_{ik}^2 + \sum_{\substack{i<j\\ j\neq n}} dx_{jk}) =$$

$$\frac{(n-2)!}{n^{n-2}}\sum_{k=1}^{n-1}[(\sum_{i=1}^{n-1} dx_{ik})^2 + \sum_{i=1}^{n-1} dx_{ik}^2] > 0$$

所以 $f=\mathrm{per}(Z)$ 在 $(\frac{1}{n},\frac{1}{n},\cdots,\frac{1}{n})_{1\times n^2}$ 处达到极小值.

由此命题可知,$\mathrm{per}(\mathbf{Z})$ 在点 $(\frac{1}{n},\frac{1}{n},\cdots,\frac{1}{n})_{1\times n^2}$ 处有极小值 $\frac{n!}{n^n}$,此时 $\mathbf{Z}=n^{-1}\boldsymbol{J}$ 为证实 van der Waerden 猜想打下了基础.

参考文献

[1] 李宇寰.组合数学[M].北京:北京师范大学出版社,1988.
[2] 陈传璋.数学分析[M].北京:高等教育出版社,1983.

关于 van der Waerden 猜想的一个注记

第 20 章

van der Waerden(1926 年) 猜想 n 阶双随机矩阵 $\boldsymbol{A}$ 的积和式 $\mathrm{per}(\boldsymbol{A}) \geqslant \frac{n!}{n^n}$. 这一问题 50 年之后才得到证实. 其间有众多学者对这一猜想进行了大量的研究工作,有人考虑首先将其转化为多元函数极值问题进行证明. 河北师范大学数学系的宋占杰教授在 1998 年对这部分工作进行了改进.

定理 1 设函数 $f = \mathrm{per}(\boldsymbol{X})$, $\boldsymbol{X} = (x_{ij})_{n\times n}$, x_{ij} 为 n 个变量,且满足

$$\sum_{j=1}^{n} x_{ij} = 1, i = 1,2,\cdots,n \tag{1}$$

$$\sum_{i=1}^{n} x_{ij} = 1, j = 1,2,\cdots,n \tag{2}$$

则 $X = (\frac{1}{n})_{n\times n}$ 为函数 f 的极小值点.

证明 设

$$L = f + \sum_{i=1}^{n} a_i(1 - \sum_{j=1}^{n} x_{ij}) + \sum_{j=1}^{n} b_j(1 - \sum_{i=1}^{n} x_{ij}) \tag{3}$$

对各变量求偏导并令该偏导数为 0 得

$$\frac{\partial L}{\partial x_{ij}} = \operatorname{per}(\boldsymbol{M}_{ij}) - a_i - b_j = 0 \quad i,j = 1,2,\cdots,n \tag{4}$$

其中 $\boldsymbol{M}_{ij}$ 为 $\boldsymbol{X}$ 划掉第 i 行和第 j 列后所得矩阵.

式(3) 两边同乘 x_{ij} 得

$$x_{ij}\operatorname{per}(\boldsymbol{M}_{ij}) = x_{ij}(a_i + b_j) \quad i,j = 1,2,\cdots,n \tag{5}$$

对式(4) 诸项求和,利用式(3) 整理得

$$\sum_{i=1}^{n}\sum_{j=1}^{n} x_{ij}\operatorname{per}(\boldsymbol{M}_{ij}) = \frac{1}{n}\sum_{i=1}^{n}\sum_{j=1}^{n}(a_i + b_j) = \frac{1}{n}\sum_{i=1}^{n}\sum_{j=1}^{n}\operatorname{per}(\boldsymbol{M}_{ij}) \tag{6}$$

显然

$$x_{ij} = \frac{1}{n}, a_i = b_j = \frac{(n-1)!}{2n^{n-1}}, i,j = 1,2,\cdots,n$$

为式(5) 的一组解,即 $X = \left(\frac{1}{n}\right)_{n\times n}$ 为 f 的可能极值点,下证其为极小值.

式(2)(3) 两边微分得

$$\mathrm{d}x_{in} = -\sum_{k=1}^{n-1}\mathrm{d}x_{ik}, i = 1,2,\cdots,n \tag{7}$$

$$\mathrm{d}x_{nk} = -\sum_{j=1}^{n-1}\mathrm{d}x_{jk}, k = 1,2,\cdots,n \tag{8}$$

对式(1)求一阶微分得

$$\mathrm{d}L=\sum_{i=1}^{n}\operatorname{per}\begin{pmatrix}x_{11} & x_{12} & \cdots & x_{1n}\\ \vdots & \vdots & & \vdots\\ \mathrm{d}x_{i1} & \mathrm{d}x_{i2} & \cdots & \mathrm{d}x_{in}\\ \vdots & \vdots & & \vdots\\ x_{n1} & x_{n2} & \cdots & x_{nn}\end{pmatrix}-$$

$$\sum_{i=1}^{n}\sum_{j=1}^{n}(a_i\mathrm{d}x_{ij}+b_j\mathrm{d}x_{ij}) \tag{9}$$

对式(9)再进行微分并将式(7)(8)代入整理得

$$\mathrm{d}^2L=-\frac{2(n-2)!}{n^{n-2}}\sum_{k=1}^{n-1}\sum_{i<j}\mathrm{d}x_{ik}\mathrm{d}x_{jk}=$$

$$\frac{(n-2)!}{n^{n-2}}\sum_{k=1}^{n-1}\left(\sum_{i=1}^{n-1}\mathrm{d}x_{ik}^2+\sum_{j=1}^{n-1}\mathrm{d}x_{ik}^2\right)>0 \tag{10}$$

由式(10)知 f 在 $X=\left(\frac{1}{n}\right)_{n\times n}$ 处达到极小值.

算术级数[1]

第21章

一个正整数集合,如果具有某种代数结构,无论多么粗糙,处理起来总比完全没有代数结构要好,因为它很可能给出更多的数论信息. 从这个观点来看,算术级数是好的集合,所以含有很多算术级数的集合比不含算术级数的集合要好. 有理由猜测"大"的集合含有很多算术级数.

van der Waerden 的一个有名的定理断言:若把正整数全体一分为二,则其中至少有一个最大的,即指它含有任意长的算术级数.(注意:含有任意长的算术级数的集合却不一定含有无限长的算术级数. 例如,序列 11,101,102,1 001,

① 原题:*Arithmetic Progressions*,译自 Amer. Math. MouthJy,85;2,(1978),95-96.作者是 P. R. Halmos,C. Ryavec.

1 002, 1 003, 10 001, 10 002, 10 003,10 004,…, 由 10^i+j 组成,这里 $i=1,2,3,\cdots$; $j=1,\cdots,i$.) van der Waerden 的定理由下述断言推出:对于任何正整数 k,相应地有正整数 $n(n=n(k))$,使得若把集合 $\{1,\cdots,n\}$ 一分为二,则其中至少有含有一个 k 项算术. (第一个非平凡的例子可以通过穷举得到: 若 $k=3$,则 $n=9$.)

数论方面的许多结果都涉及素数和算术级数二者之间的联系. 如果能够知道素数在算术级数中正常分布的范围,那是很有意思的;如果知道全体素数是否含有任意长的算术级数,也是很有意思的. 但后者是长期悬而未决的难题.

Erdǒs 与 Turàn(1936) 曾经想攻克这个难题(以及其他难题),他们的办法是,证明如果一个序列足够稠密,则必含有任意长的算术级数. 精确地说,对于固定的 k 和 n,问需要多少个介于1与 n 之间(包括1与 n 在内) 的数才能保证其中含有一个 k 项算术级数(若 $k=3, n=9$,则答案为5)? 这等于说,求满足下列条件的最大数 $r(=r_k(n))$:1 与 n 之间有 r 个数,其中不含 k 项算术级数($r_3(9)$ 的值为4).

若能证明 $r_k(n)<\pi(n)$,其中 $\pi(n)$ 为小于或等于 n 的素数个数,则由素数组成的任意长算术级数的问题就解决了. 当然,若能证明对任何 k,上述不等式对所有充分大的 n 都成立,那就够好了.

Erdǒs 与 Turàn 发现

$$r_k(m+n)\leqslant r_k(m)+r_k(n)$$

他们证明了对任何 k,序列 $\left\{\frac{1}{n}r_k(n)\right\}$ 有极限 c_k. 最后,

他们猜测：对任何 $k, c_k = 0$，即

$$\lim_n \frac{1}{n} r_k(n) = 0$$

这个猜测简单而优美，可能会有很多漂亮的推论，但却极难证明. 典型的推论是：任何具有正密度的集合都含有任意长的算术级数. 换而言之，若 E 为正整数组成的一个集合，a_n 是 E 中介于 1 与 n 之间的元素的个数，使得 $\lim_n \frac{1}{n}(a_n) > 0$，则 E 含有任意长的算术级数. 理由如下：上述猜想若成立，则可推出对任何 k，不等式 $r_k(n) < a_n$，对所有充分大的 n 都成立.

当 $k = 3$ 时的 Erdős-Turàn 猜想是 K. F. Roth 在 1954 年证明的；当 $k = 4$ 时，是 E. Szemerédi 利用 van der Waerden 定理于 1967 年证明的. 他的证明是如此错综复杂（有人将其誉为运用数论和组合论的初等方法的登峰造极之作），除非对 $k = 4$ 的情形有实质性的简化，否则（说得温和一点）是没有人愿意对 $k = 5$ 的情形进行尝试的. 接下去的工作是 Roth(1970) 进行的，他的证明基于分析，而且不用 van der Waerden 定理，但似乎无济于事.

1972 年，Szemerédi 宣布：他在最一般的情形下解决了这个问题. Erdős 曾经提出 1 000 美元的奖金求解，但要获得这笔钱，Szemerédi 还要解决另一个可怕的难题，那就是把证明写得别人能看得懂. A. Hajnal 对 Szemerédi 的证明写了一个初步的解说（他满怀信心地对 Erdős 说，他愿意用 500 美元买下 Szemerédi 的证明）. Szemerédi 的结果于 1974 年摘要发表，一年后全文发表.

Szemerédi 证明的主导思想难以用一小段文字说

清楚,所以倒不如直接借用他本人的说法为好:“主要定理的证明所要处理的基本对象,不仅是算术级数本身,而且是被称为 m 构形的广义算术级数. 粗略地说,1 构形就是算术级数,m 构形则是 $(m-1)$ 构形构成的‘算术级数’. 总之一句话,可以证明,对任何具有正上密度的正整数集 $\mathbf{R}$,如果一个很长的 m 构形和 $\mathbf{R}$ 相当有规律地相交,则此构形总有一个较短的(但仍然相当长的)$(m-1)$ 构形与 $\mathbf{R}$ 更加有规律地相交;依此类推,最后得到:$\mathbf{R}$ 必含任意长的 1 构形,即算术级数,完了.”

半个多世纪以前,van der Waerden 证明了下述有名的定理:把自然数集 $\mathbf{N}$ 表示为两个集 A 和 B 的并,则 A 和 B 中有一个(或二者都有)含有任意长的算术级数.

一个长度为 k 的算术级数是任何形如 $\{a,a+d,\cdots,a+(k-1)d\}$ 的集 $T\supseteq\mathbf{N}$,其中 d 为一自然数. 常见的 van der Waerden 定理证明在本质上是组合的,且是鸽巢原理的精巧推广. 然而最近 B. Weiss 和 H. Furstenberg 给出 van der Waerden 定理的一个颇为不同的证明. 事实上,他们证明了下述更一般的定理:设 $T_1,\cdots,T_k$ 为紧度量空间 X 到自身的可换连续映射,则有一点 $x\in X$ 和一自然数序列 $n_1<n_2<n_3<\cdots$ 使得当 $j\to+\infty$ 时

$$T_{ij}^{n}x\to x, i=1,\cdots,k$$

若要从拓扑动态论的新定理推出 van der Waerden 定理,可依所给出的用 A 和 B 对 $\mathbf{N}$ 的分解来选择一个 0 与 1 的符号序列. 把这个符号序列看成所谓移位空间的一个点,然后定义 T 为所谓移位的前 k 个幂. 用

这个方法 van der Waerden 定理就成为递归下的拓扑结果了. 一个自然数的集 A 称为具有正上密度,即

$$\lim_{n \to +\infty} \sup \frac{1}{n} | A \cap \{1, \cdots, n\} | > 0$$

1973 年,Szemerédi 证明了 Erdǒs 和 Turàn 的一个久悬未决的"＄1 000 猜想". 这个定理的最重要推论为:每一正上密度集 $A(\supseteq \mathbf{N})$ 包含任意长的算术级数. 显然 van der Waerden 定理是这个推论的特殊情形. 然而,Szemerédi 的证明用到 van der Waerden 定理.

1975 年末,Furstenberg 注意到了 Szemerédi 的定理,并证明了他所谓的测度理论性的 Szemerédi 定理,这是 Poincaré 递归定理的一个深度推广:设 (X, B, μ) 为一正规测度空间且 $T: K \to X$ 为 $-\mu$ 保持的变换. 又设 $A \in B$ 使得 $\mu(A) > 0$,则对任一 K 有一自然数 n,使得

$$\mu(A \cap T^{-n}A \cap T^{-2n} \cdots\cdots \cap T^{-(k-1)n}A) > 0$$

通过对拓扑和移位空间的测度做精巧(然仍自然)的处理,就能由这个定理推出 Szemerédi 的结果.

Furstenberg 的证明用到了遍态论和拓扑动力论的方法,特别是他在末端流(distal flow)的著名结构定理更扮演了一个关键的角色. 因他的工作联通了貌似无关的两个数学领域:组合论和遍态论,Furstenberg 获得了 1978 年的 Rothschild 奖. 以前曾经有人在 i 遍态论上应用过组合的构造(M. Morse, W. Gottshalk, C. Hedlund, S. Kakutani,等等),但谁也没想到应用一个如遍态论的质量性解析工具来求组合问题的解答.

附带提一下,Erdǒs 给出一个"＄3 000 猜想":若 $M \supseteq \mathbf{N}$ 使得 $\sum_n \frac{1}{n} = +\infty$,则 M 包含任意长的算术级数. 有发散性质的最重要集合 M 当然是素数集了.

关于 van der Waerden

第22章

本书通过一个数学小问题来介绍一个著名的数学猜想的解决过程. 这是典型西方数学的精华.

IMO 在中国学生及老师中颇有知名度,但 van der Waerden 则不为大众所熟悉,20 世纪 80 年代山东教育出版社出了一本大书叫《世界数学家思想方法》,其中阴东升专门写了一篇介绍 van der Waerden 的长文. 现附于后,供读者了解:

van der Waerden(1903. 2. 2—1996. 1. 12) 是荷兰数学家,于 1924 年在阿姆斯特丹 (Amsterdarm) 大学毕业. 在奔向哥廷根的热潮中,他也于 1924 年秋天来到了这个令人神往的数学圣地,并追随诺特(A. E. Noether)等人学习代数.他选的诺特的主要课程之一是“论超复数”,一年后获得博士学位.

在随诺特等大师学习的过程中,他很好地掌握了他们的理论,学习了概念的机制并领悟了思维的本质,特别是明确了“抽象代数”的特点.这使得他有能力能够清晰而又深刻地表述出诺特的想法和解决她提出的问题.1926 年冬季,他和阿廷(E. Artin)、布拉施克(W. J. E. Blaschke)及施赖埃尔(O. Schreier)在汉堡主持了理想论讨论班.1927 年,他在哥廷根又极其成功地讲授了一般理想论的课程.1928 年夏天,他在哥廷根证明了分自然数集成若干子集的算术级数定理,一时间成为当时人们津津乐道的话题.之后,他在诺特、阿廷等人的有关代数的讲义及上述讨论班材料的基础上,对以往(主要指 1920 年以后)的主要代数成就进行了系统而优美的整理,于 1930 ~ 1931 年出版了《近世代数学》(*Modern Algebra*)(上、下两册)一书.此书出版后,立即风靡世界,成为代数学者的必备用书.鉴于本书的性质及其重要价值,在代数学家与数论专家勃兰特(H. Brandt,1886.11.8—1954.10.9)的建议下,自 20 世纪 50 年代的第四版起,van der Waerden 将书名改成了《代数学》(*Algebra*)并对其内容进行了适当增删,但风格未变.

1932 年,他的《量子力学中的群论方

法》(*Die gruppentheoretische Methode in der Quantemechanik*)(德文版) 作为著名数学丛书《数学科学的基本原理》的第 36 卷出版. 1974 年,改写并出版了英文版 *Group Theory and Quantum Mechanics*.

1935 年,斯普林格(Springer-Verlag) 出版了他的德文版《线性变换群》(*Gruppen von linearen Transformatinen*).

1939 年,出版了《代数几何》(*Einführung in die algebraische Geometrie*)(德文版).

1979 年, 出版了《毕达哥拉斯》(*Pythagoras*).

1983 年,出版了《古代文明中的几何和代数》(*Geometry and Algebra in Ancient Civilizations*)(英文版).

1985 年,出版了《代数学史 —— 从花拉子米到诺特》(*A History of Algebra From al-Khwārizmi to Emmy Noether*).

另外,他还出版过《科学的觉醒》一书,并发表过多篇论文. 他不仅是一位数学家,还是一位数学史家.

自 20 世纪 50 年代以来,van der Waerden 一直担任苏黎世大学数学研究所的教授.

van der Waerden 的成就(已取得的) 主要表现在代数、代数几何、群论在量子力学方面的应用及数学史等领域中. 当然,他在数理统计、数论及分析等领域中的成就也是不可抹杀的.

在数论中,他证明了如下的算术级数定理(也被称为 van der Waerden 定理):

设 k 和 l 是任意的自然数,则存在自然数 $n(k,l)$(k 和 l 的函数),使得以任意方式分长为 $n(k,l)$ 的任意自然数段为 k 类(其中,“长”指项数,k 类中可能有空集),则至少有一类,含有长为 l 的算术级数.

这是 1928 年的一个结果.作为此定理的一个直接推论,他解决了哥廷根一位数学家提出的这样一个问题:“设全体自然数集以任意方式分成两部分(例如偶数与奇数,或素数与合数,或其他任意方式),那么,是否可以保证,至少在其中一部分中,有任意长的算术级数存在?”① 答案是肯定的.

在分析中,他的一个著名结果,就是给出了一个处处连续但处处不可微的函数实例:

设 $u(x)$ 表示 x 与距其最近的整数的距离.则

$$f(x)=\sum_{n=0}^{+\infty}\frac{u(10^n x)}{10^n}$$

处处连续,但 $f'(x)$ 处处都不存在.②

在数学史方面,他主要写了这样几部著

① A. Я. 辛钦著:《数论的三颗明珠》,王志雄译,上海科技出版社 1984 年版,第 1 ~ 2 页.

② 白玉兰等编:《数学分析题解》(四),黑龙江科技出版社 1985 年版,第 29,120 ~ 125 页.

作:《毕达哥拉斯》《古代文明中的几何与代数》(其中谈到了中国古代数学的成就,刘徽的成就),《代数学史 —— 从花拉子米到诺特》以及《科学的觉醒》(反映了古希腊数学)等.

他的数学史著作注重讲清数学中的一些重要概念及思想的演进过程(如抽象群).他的一本著作往往按历史顺序涉及几个专题,如《代数学史》包含:代数方程、群和代数三个方面.不求全,但求精.这本著作是有关方面的一部重要专著.

在数学的应用方面,他重点考虑了群论在量子力学中的应用,对搞清量子力学的数学基础做出了重要贡献.他不仅对群论的基本原理及其在量子力学中的主要应用做了完整的叙述,提高了量子力学的理论程度,而且他还在这种应用性研究中,提出了一些重要概念.譬如,"旋量"的概念就是他和嘉当(E. Cartan)各自从不同的角度提出的.①他的这些成就都集中体现在他的名著《群论与量子力学》中.

在代数几何中,Chow 和 van der Waerden 在 1931 年一般化了 Cayley 的思想及 Bertini 的思想,证明了如何参数化射影空间 $P_N(K)$ 的不可约代数子变量的集的问题;

① B. L. 范·德·瓦尔登著:《群论与量子力学》,赵展岳等译,上海科技出版社 1980 年版.

van der Waerden 还通过一般化 Poncelet 的思想,第一个给出了 $i(C,V,W)$ 的定义(V,W 是 $P_N(K)$ 的不可约子变量(Subvarieties)).[①]1948 年,他考虑了赋值概念在代数几何上的应用(Math. Z. ,1948(51),511 页起的 §4 ~ 8).他在这方面的代表著作是《代数几何引论》.

在代数领域中,van der Waerden 的工作涉及 Galois 理论、理想论(包括多项式理想论)及群论等多个分支.

1931 年,他给出了一个真正求给定方程 $f(x)=0$ 对于基础系数域 Δ 的 Galois 群的方法;利用它的推论,在可迁置换群一些性质的基础上,可以来造任意次数的方程,使得其 Galois 是对称的.用这些方法"我们不但能证明具有对称群的方程的存在,还能进一步得到在全体系数不超过上界 N 的整系数多项式中,当 N 趋向 $+\infty$ 时,几乎 100% 的群是对称的."[②]

1929 年,他建立了"任意整闭整环中的理想论"[③](后由阿廷修改为比较完美的形式).在某种意义上说,它是古典理想论的一种推广.除此之外,他还考虑了一个在基域 K

---

① Jean Dieudonné, History of Algebraic Geometry. Translated by Judith D. Sally. Wadsworth, Inc. ,1985:71-73.

② B. L. 范 · 德 · 瓦尔登著:《代数学(Ⅰ)》,丁石孙等译,科学出版社 1978 年版,第 242 ~ 245 页.

③ B. L. 范 · 德 · 瓦尔登著:《代数学(Ⅱ)》,曹锡华等译,科学出版社 1978 年版,第 547 ~ 555 页.

上不可约流形当基域扩张时的分解问题.

1933 年,在一篇论文 *Stetigkeitssätze für halbeinfache Liesche Gruppen* (*Math. Zeitschrift* 36:780-786) 中,他对冯·诺依曼(J. Von Neumann) 的一个李群表示定理做了简捷证明,并且证明了:"紧半单李群的所有表示都是连续的"① 等结论.

他在代数领域的代表著作有:《代数学》(上、下册)、《线性变换群》等. 其中前者被公认为该领域的经典名著.

从性质上讲,van der Waerden 的成就有下面 4 个方面:

(1) 研究具体问题,得到具体成果(如李群表示定理,算术级数定理等);

(2) 综合认识某一专题已得成就,进行综合评论(如他在 1942 年写的有关赋值概念在代数几何上的应用的评论. 见 *Jahresbericht der D. M. V.* ,1942(52):161).

(3) 系统整理某一分支的成就,进行理论体系化的工作(如他的《代数学》《代数几何》《群论与量子力学》等几本专著);

(4)(与(1) 逻辑方面相对应) 历史地认识数学,注重数学史研究. 从历史的长河中

---

① B. L. van der Waerden, A History of Algebra, Springer-Verlag, 1985:261.

把握数学(如《代数学史》).

当然,他的成就不仅表现在其诸多的具体结果上,而且还表现在其丰富、深刻的思想方法中.思想方法是其成就的灵魂.

van der Waerden 的思想方法可分以下5个方面阐述:

(一)追求证明的简单性、结论的普遍性及知识的系统性.

van der Waerden 在科研选题方面,既注意到了改进前人的成果,又注意到了解决他人提出的问题;而更重要的是,他十分注意并致力于组织、整理已有的数学成就.

在改进成果方面,他或者简化已有的证明,或者推广已有的结论.譬如,像前面我们曾提到的,他曾给出了冯·诺依曼李群表示定理的一个简单证明;通过将理想的相等推广为"拟相等"①而得到了任意整闭整环中的理想论,实现了古典理想论的某些主要结论的普遍化.

在解决问题方面,他往往从更广泛、更一般的意义上进行思考,以求获得更具普遍性的结论.这从其解决前面提到的算术级数问题一例中可以看出.正如数学家辛钦(A. Я. Хинчин)所说:"从本质上说,van der

① B. L. 范·德·瓦尔登著:《代数学(Ⅱ)》,曹锡华等译,科学出版社1978年版,第547页.

Waerden 证明的结果比原先要求的要多. 首先,他假设自然数不是分成两类,而是分成任意 K 类(集合);其次,为了保证至少有一类含给定(任意)长的算术级数,他指出,不一定要分全体自然数,而只要取某一段,这一段的长度 $n(k,l)$ 是 k 和 l 的函数,显然,在什么地方取这一段能完全一样,只要它是 $n(k,l)$ 个连续的自然数即可."①

显然,简单的证明既有益于人们对数学结论真正理解,也有益于对数学美的感受(体味到简单美、清晰美等);而带有一般性的普遍结论,则有利于人们看清数学对象间的关系或属性的真正本质(如自数的算术级数定理——van der Waerden 定理比当年哥廷根的数学家提出的问题的肯定答案更深刻地反映出了自然数(集)的属性). 总之,使已有结论的得来过程简明化、使结论更贴近事物的本质——使对象间的本质逻辑联系更加清晰化,即简明、清晰的逼近事物的本质,是 van der Waerden 追求的主要目标之一. 这不仅表现在他对具体问题的处理上,而且还表现在他对已有数学(特别是代数)成就的理论化整理中.

他不仅研究普通意义上的数学对象(如自然数、李群等)及其属性,而且还研究更高

---

① А. Я. 辛钦著:《数论的三颗明珠》,王志雄译,上海科技出版社 1984 年版.

层次上的数学对象——数学命题间的各种逻辑联系. 虽然这种研究具有元数学的味道，但二者的目的迥然不同. van der Waerden的目的在于，在这种探究的基础上，寻找出一个简明、清晰甚至优美的逻辑框架，以将已有主要结果整理成一个理论体系，以便后人较轻松、系统地把握前人的思想精华. 因为他知道，数学的发展需要继承. 为了使这种发展能良性地进行下去，提供好的继承基础是必要的. 他在这方面的典型成果之一是《代数学》. 这部著作（上、下两卷）概括了1920～1940年左右代数学的主要成就——特别是诺特学派的主要成就. 正是由于它的出现，诺特等代数大师的杰出思想才得以广为流传，抽象代数学才正式宣布诞生（一种新理论的诞生）. 它是抽象代数学的奠基之作.

（二）由特征分离概括化原则提出概念，沿一般化归的特殊之路进行研究.

数学研究，就是要研究某些数学对象的属性或对象间的内在关系. 这首先要有明确的对象——概念作前提.

在提出概念方面，van der Waerden采用了下述思想：首先分析某一（些）对象，找到它的若干性质；然后将这些性质抽出来作为公理，来形式化地定义一个新的对象. 这正是徐利治先生明确提出的"特征分离概括化原则"①.

譬如,"拟相等"的出现即经历了这样一个过程. 设 O 是一个整环,Σ 为其商域;a 为一分式理想,a^{-1} 为其逆理想. 显然,对于理想 a 和 σ 来说,若 $a=\sigma$,则 $a^{-1}=\sigma^{-1}$. 这是相等关系"="的一个性质. 现在将此性质($a^{-1}=\sigma^{-1}$)抽取出来,作为公理,便可形式定义出"拟相等":"a 拟相等于 σ,如果 $a^{-1}=\sigma^{-1}$. ②

特征分离概括化原则是抽象化、形式化和公理化三大方法的一种合成物. van der Waerden 早在随诺特学习期间,便掌握了概念的机制及思维的本质,对抽象代数学的"抽象化""形式化"和"公理化"有着深刻的认识,他曾明确谈道:"抽象化的""形式化的"或"公理化的"方向在代数学的领域中引起了新的高潮,特别在群论、域论、赋值论、理想论和超复系理论等部分中引起了一系列新概念的形成,建立了许多新的联系,并导致了一系列深远的结果. ③因此,他综合运用抽象化、形式化、公理化的方法创造新概念是自然的.

---

① 徐利治:《数学方法论选讲》,华中科技大学出版社 1988 年第 2 版,第 191 页.

② B. L. 范·德·瓦尔登著:《代数学(Ⅱ)》,曹锡华等译,科学出版社 1978 年版,第 547 页.

③ B. L. 范·德·瓦尔登著:《代数学(Ⅰ)》,丁石孙等译,科学出版社 1978 年版,第 1 页.

在具体数学研究方面，他的思想之一是，首先设计一个总体策略，然后逐步实施。先规划蓝图，再实际建筑。将一般化归为特殊，是他常用的一种方法。这是一种为了认识一般，而首先认识特殊，然后凭借一定手段将一般化归为特殊以达到最终把握一般的目的的方法。

譬如，van der Waerden 在建立赋值论，解决下述问题“假设已经给定了域 κ 的一个（非阿基米德）赋值 φ，我们考虑 κ 的一个代数扩域 Λ，并提出这样的问题：域 κ 的赋值 φ 能不能，且有多少种方式可以开拓成域 Λ 的赋值 Φ”① 时，即遵循了这一思想。他首先考虑了 κ 为完备的赋值域这一特殊情况，然后通过嵌入的办法将一般赋值域的情形归结为完备的情形（一般赋值域 κ 有两种情况：完备和不完备。完备时属于前者；不完备时，嵌入到某完备赋值域中即可）而获得最终解。

当然，化归的手段是很多的。嵌入的方法代表着一种类型：在某种意义上说，一般和特殊间具有局部和整体的关系。还有一种类型，就是化归的双方不具有这种局部、整体的关系（或者不必考虑这种关系）。譬如，van der Waerden 在处理下述问题“设 μ 是基域 P 上的一个半单代数。我们要研究的是，当

① B. L. 范·德·瓦尔登著：《代数学（Ⅱ）》，曹锡华等译，科学出版社 1978 年版，第 324 页。

基域 P 扩张成一个扩域 Λ 时，代数 μ 将受到怎样的影响：μ 的哪些性质仍旧保持不变，哪些性质将会消失"[①] 时，其"研究是按如下的程序来进行的：首先设 μ 为一域，再设它为一个可除代数，其次再设它为一单代数，最后才设它为一般的半单代数. 每次都是把下一个较为复杂的情况归结为前面较为简单的情况".[②]其中，域 → 可除代数 → 单代数 → 半单代数，是个一般化的过程. 因而问题的解决也是走的一般向特殊的化归之路（只是这种化归被相继多次运用而已）. 当然，这里也蕴含了复杂向简单化归的思想.

在《代数学》中，van der Waerden 至少在六处不同环境中明确地运用了一般向特殊化归的思想，这也足见他对这一思想的重视（实际上，《代数学》已经表明，这一思想不仅是研究方法，而且是一种理论化的重要方法）.

（三）限制 —— 重点转移的具体手段，历史 —— 前进道路的寄生之地.

对于数学研究来说，仅有宏观蓝图是不够的，还须有其他较为具体、细致的方法来配合，方能实现认识数学对象的愿望. 方法是多种多样的. 这其中，限制的方法、从历史

① B. L. 范·德·瓦尔登著：《代数学（Ⅱ）》，曹锡华等译，科学出版社 1978 年版，第 659 ~ 660 页.

② B. L. 范·德·瓦尔登著：《代数学（Ⅱ）》，曹锡华等译，科学出版社 1978 年版，第 659 ~ 660 页.

中寻求前进的道路(或启示)的方法备受 van der Waerden 青睐.

由于数学对象往往是具有某些性质的对象,是载体与性质(属性)的统一体. 因此,限制的方法基本上有两种类型:载体的限制及属性的限制. 前者主要是指,思维的着眼点从载体整体过渡到其某个局部的过程;而后者主要是指,思维的着眼点从属性总体过渡到其某个部分的过程. 不论哪一种,限制都是思维"重点转移"的具体手段. 这两种限制方法,van der Waerden 在数学证明中都进行了充分运用.

譬如,在证明群论中的第一同构定理[①]时.

设 G 是群,A 是其一正规子群,B 是 G 的一个子群,则 $A\cap B$ 是 B 的正规子群,且有

$$AB/A\cong B/(A\cap B)$$

时,他给出了这样的思路:考虑同态 $G\overset{\varphi}{\sim}G/A$,即先在 G 中考虑问题. 此时 $AB/A=\varphi(B)$,然后对群载体 G 进行限制,在子群 B 上看问题. 借助于 φ,可诱导出一同态 $B\overset{\varphi|_B}{\sim}\varphi(B)$. 此时,显然有,$\mathrm{Ker}\,\varphi|_B=A\cap B$,所以 $\varphi(B)\cong B/\mathrm{Ker}\,\varphi|_B=B/(A\cap B)$. 如此一来,综上两方面便知,$AB/A\cong B(A\cap B)$. 即先在整体上看问题,得一些结论;然后在

① 有的书中称之为第二同构定理.

局部的立场上再看问题，又得一些结论；最后，将二者结合起来，便达到了预期的目的. 显然，这里面除限制法以外，还蕴含着 van der Waerden 的下述思想：从不同角度看问题，并将结果予以联系和比较.

再如，在证明有限体是域时，他采取了如下路线："设 K 为一有限体，Z 为它的中心，m 为 K 在 Z 上的指数. K 中的每个元素都必包含在一个极大交换子体 Σ 之内，而后者在 Z 上的次数等于 m. 可是我们知道，P^n 个元素的伽罗瓦域 Z 的一切 m 次扩域是彼此等价的. 因此，这些极大交换子体可由它们当中的某一个，譬如说 Σ，经过 K 中元素的变形得到

$$\Sigma = k\Sigma' k^{-1}$$

如果除去 K 中的零元素不计，则 K 成为一个群 $\mathfrak{D}$，而 Σ' 成为一个子群 $\mathfrak{R}$，Σ 成为 $\mathfrak{R}$ 的共扼子群 $k\mathfrak{R}k^{-1}$，并且这些共扼子群合并在一起能充满整个群 $\mathfrak{D}$（因为 K 中每个元素都包含在某一 Σ 之内）. 可是另一方面，我们有下面的群论定理：

引理有限群 $\mathfrak{D}$ 的真子群 $\mathfrak{R}$ 和它的全部共扼子群 $s\mathfrak{R}s^{-1}$ 不可能充满整个 $\mathfrak{D}$.

所以 $\mathfrak{R}$ 不可能是 $\mathfrak{D}$ 的真子群. 因此 $\mathfrak{R} = \mathfrak{D}$，从而 $K = \Sigma'$，因此 K 是可交换的."[1] 即将

---

① B. L. 范 · 德 · 瓦尔登著:《代数学(Ⅱ)》，曹锡华等译，科学出版社 1978 年版，第 706 ~ 707 页.

体的问题归结为群的问题,再借助于群的结论来达到有关体的结论的方法. 其中,限制的方法起了关键性的作用.(借助于它,作者才实现了由体到群的转换.)这里的限制主要是属性限制. 体有两个相互联系的方面:加法群性和乘法群性(去掉零元). 上述证明是由体的属性向其部分——乘法群属性过渡的结果. 当然,从证明的总体结构上看,它符合 RMI 原则[①]的思想. 其框图如下:

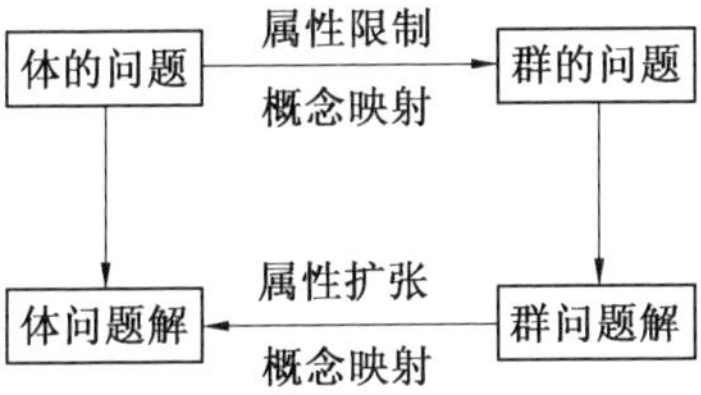

在发展的长河中,与限制相近的一种现象是"后退", 是对历史的重视. van der Waerden 不仅明确地研究数学史,而且还将历史上一些重要的思想方法拿到今天来发扬光大. 继承是为了发展,后退是为了前进. 当一个问题的研究百思不得其解时,他往往会到历史中去吸取营养、寻求启示、发掘摆脱困境的道路. 确实,历史上有许多榜样可供借鉴. 他在希望用代数工具来替换(代数几何中的)连续性的工作(抽象化思想

① 徐利治:《数学方法论选讲》,华中科技大学出版社 1988 年第 2 版,第 24 ~ 29 页.

的产物）中，曾遵循了这一思想．正如数学家迪厄多内（J. Dieudonné）所说：“为了替换连续性的思想，他首先复苏了使复射影几何得以产生的过程．”[①] 这是改造旧方法，解决新问题的生动一例．

总之，van der Waerden 不仅注意逻辑层次上的限制方法，而且注意历史层次上的限制方法．不过，对于后者来说，限制的目的主要在于开拓．

（四）广义同一法 —— 解决问题的一种工具，下动上调法 —— 提出问题的一种手段．

数学大师希尔伯特（D. Hilbert）认为，问题是数学的鲜活血液．研究数学就是要（直接或间接，显性或隐性地）解决问题．问题是有关数学对象的问题，因此，数学至少包含三个方面的内容：创造对象、提出问题、解决问题．当然，作为理论来讲，数学还应有整理结论或系统化已有成果的方面．在这四个方面，van der Waerden 都从思想方法上做出了自己的贡献．（一）（四）两个方面前面做了简单说明，对于（三）（解决问题），也说明了化归与限制的运用．这些，当然还不够全面．在解决问题方面，我们再来看一下他对同一法的应用及其推广 —— 广义同一法．

① Jean Dieudunné, History of Algebraic Geometry[M]. Wadsworth, Inc. 1985.

同一法主要用于解决有关具有唯一性的对象的问题. 其含义是这样的:为证对象 A 具有性质 P(其中具有 P 的对象是唯一的),可先作 P 的对象 A',然后证明 $A=A'$. van der Waerden 在证明下述问题时,采用了这一思想.

设 Γ 是有理数域,$\phi_h(x)=0$ 是以全部 h 次原单位根为根的方程(人们称之为分圆方程),则 $\phi_h(x)=0$ 在 Γ 中是不可约的.[①]

为证 $\phi_h(x)=0$ 在 Γ 中不可约,先任选一个以某原单位根为根的不可约方程 $f(x)=0$(且要求 $f(x)$ 为本原多项式),然后他通过证明 $f(x)=\phi_h(x)$ 而达到了上述结论.

在其他类似场合,他推广了同一法的思想,运用"广义同一法"的思想来解决问题. 譬如,在证明有关嵌入问题时,他采用了如下思路:Ω 是 P 的代数封闭域,Σ 是 P 的代数扩张. 为证 $\Sigma \hookrightarrow \Omega$(即 Σ 可嵌入 Ω),可先考虑 Σ 的代数封闭扩域 Ω'. Ω' 和 Ω 是等价的,因而 $\Sigma \hookrightarrow \Omega$.[②] 这一路线和同一法是相似的,其区别仅仅在于,这里是等价,而不是相等. 等价是相等关系的一种推广. 这一路线运用的就是广义同一法. 当然,这一问题的解决过

---

① B. L. 范・德・瓦尔登著:《代数学(Ⅰ)》,丁石孙等译,科学出版社 1978 年版,第 210 ~ 213 页.

② B. L. 范・德・瓦尔登著:《代数学(Ⅰ)》,丁石孙等译,科学出版社 1978 年版,第 253 页.

程，也可看作是等价转换的结果：为证Σ具有性质“$\Sigma \sqsubset \Omega$”，可先作Σ的代数封闭域Ω'，Σ自然具有性质“$\Sigma \sqsubset \Omega'$”，而Ω和Ω'的等价导致“$\Sigma \sqsubset \Omega$”和“$\Sigma \sqsubset \Omega'$”是等价的(可相互转化)，因此$\Sigma \sqsubset \Omega$. 即为证A具有性质P，可先证A具有P'，然后由P和P'的等价性来推断A具有P的结论.

在提出问题方面，他强调了对象属性对对象的依赖性. 当对象发生变化时，属性往往也跟着做相应调整，即属性和对象间在动态上有一种“协变”关系. 基于对这种关系的认识，往往可以提出一些有益的问题来. 譬如，对象变化时，属性如何变化？具体实例如：“如果我们把基域K扩大到域Λ，同时扩域$K(\theta)$也相应地扩大到$\Lambda(\theta)$，那么$K(\theta)$对于K的Galois群有什么改变”①“我们将……(笔者省略)考察，例如在整数环内成立的简单规律，在一般环上可以推广到怎样的地步”“设μ是基域P上的一个半单代数. 我们要研究的是，当基域P扩张成一个扩域Λ时，代数μ将受到怎样的影响：μ的哪些性质仍旧保持不变，哪些性质将会消失”②，等等. 如果我们将对象看作其属性的基础的

---

① B. L. 范·德·瓦尔登著：《代数学(Ⅰ)》，丁石孙等译，科学出版社1978年版，第208页.

② B. L. 范·德·瓦尔登著：《代数学(Ⅱ)》，曹锡华等译，科学出版社1978年版，第450，659～660页.

话,那么,这种提问题的模式可称为"下动上调法".

只要看一看《代数学》,就会发现,van der Waerden还利用其他方式来提出问题.如"逆向思维法":他在处理了"古典理想论的合理建立"后,紧接着下一节便考虑这节结果的逆.

显然,下动上调法提问题的模式也可看作是对类比法的一种运用(对象虽发生了变化,但还有类似之处,那么它们性质的类似性又如何呢——哪些基本相同,哪些不同).在这种方法中,很重要的一种形式是"集合化"的方法.它是指由对某种元素的考虑过渡到对这些元素的集合(或类)的考虑的方法,是思维重点转移的一种体现,是结构数学思维的一个特点.这方面的例子在《代数学》中出现得很多,其一典型实例为van der Waerden在任意整闭整环中的理想论的建立过程中,在考虑了拟相等理想类的一些性质后,思维层次一转,上升到拟相等理想类组成的集合,通过概括得到了此集作为代数结构的一个性质——拟相等理想类作成一个群.

总之,van der Waerden对下动上调法,既从同一层次的对象上进行了运用(如基域K到域Λ,K和Λ都是代数结构层次中的域),也从不同层次上的对象中进行了运用(如元素到集合),具有某种逻辑的全面性.

（五）有关材料组织的一些思想及其他.

在对已有材料（成果）的组织整理方面，除了前面谈到的有关思想外，van der Waerden 还注意到了“殊途同归”“构造化”“臻美”和“充分明晰地展示占统治地位的普遍观点”等思想.

一个结论可由不同方法或沿不同途径得出，这便是殊途同归现象. 譬如，有关线性相关和线性无关的“替换定理”，既可由相关、无关的性质直接推证，亦可由群论的方法把它推导出来，便是其中一例. 正因如此，同一结论才能被纳入不同数学语言体系（如相关语言、群论或模论语言等）中去. 多角度、多方位地认识同一对象，有助于搞清事物间多方面的逻辑联系，同时，也有助于强化灵活处理问题的思维变换能力.

构造化，是一种日益清晰认识对象本质的方法，是一种由非构造性走向构造性的过程. 譬如，van der Waerden 在处理 Galois 群时即走了这一条路：他首先一般地讲述了 Galois 群的有关方面，然后才具体给出求给定方程 $f(x)=0$ 对于基础域的 Galois 群的可行方法.（当然，构造化还是解决问题的一种方法.）

臻美，是追求完善与完美的一种思想. 这在 van der Waerden 的工作中亦有生动体现. 他在选材方面，总是先比较、后选择，从众多的文献中挑出简明的证明或对一种理论优美处理.譬如,对复数域上的代数函数古典理论之黎曼-罗赫(Riemann-Roch)定理的证明,他在比较了施密特(F. K. Schmidt)和韦伊(A. Weil)等人的方法后,选择韦伊在 J. reine angew. Math., 1938(179)中给出的较简单的证明编入《代数学(Ⅱ)》中,即是其中一例.再如,对于其成果之一"任意整闭整环中的理想论",由于他发现阿廷给出的处理方式比较完美,因而,在《代数学(Ⅱ)》中,当他讲到这一部分时,便采用了阿廷的形式.这也是臻美原则的具体体现.

臻美是完善化与完美化的统一.完善化往往和精确化、明晰化紧密相连,它往往表现为对已有对象的修饰或阐明.作为对这一点的应用,van der Waerden 曾清晰地表述了诺特的思想,这种表述的部分内容(如他1924,1926,1927年听诺特的讲座的超复杂笔记)后来被诺特所采用,成为她的论文 *Hyperkomplexe Grössen und Darstellungstheorie* (*Math. Annalen* 30,641~692)的基础.[①]另外,他和迪厄多内修饰由迪克森(L. E. Dickson)提出的群概念(一种),[②]也是完善

① B. L. van der Waerden, A History of Algebra. Springer-Verlag. 1985,211-244

② B. L. van der Waerden, A History of Algebra. Springer-Verlag. 1985,123

化的一例.

在《代数学》的写作中,他提出并执行了"充分明晰地展示占统治地位的普遍观点"的原则.譬如,展示合理化的思想:他用公理化的方法不仅处理了数学结构的一些代数性质(主要指同构不变性),而且还考虑了一些非代数性质,如实性、正性等;不仅用公理化方法研究普遍意义上的代数课题,而且还研究一些本属于"非"代数领域的内容的代数形式,如代数函数的微分法.在他看来,一部好的著作,首先要让读者能从中充分地认识到内容的思想本质、认识到理论的思想核心.正是由于他坚持这一原则,才使得其著作具有如下特点;不仅明确告诉读者某一问题是如何引出的、结论的证明思路是怎样的、结论的本质是什么,而且在每一证明过程中还都充分注意沿着一条有所交代的清晰明澈的道路前进.读者边读,头脑中便会逐渐浮现出思路的图像,使人受益匪浅(不仅学到了知识,还会从中产生一种数学美的感受).

当然,他不仅注意到对内容处理的艺术性,而且还注意到了内容存在或表述形式的艺术性.在这方面,他特别强调语言刻画的启发性.这从他处理自旋时的一段叙述中可以看出来.

"为了以一种富有启发性的方式使情况更清楚些,可以想象长度 $\hbar l$ 的轨道角动量矢量和长度为$\frac{1}{2}\hbar$的自旋角动量矢量组成一长度加$\hbar j(j=l\pm\frac{1}{2})$的合矢量.……(省略号为笔者所加)”.①

另外,他也注意上下文的自然连接(运用由特殊到一般,或由一般到特殊等手段),尽量使整个著作成为一个紧凑的系统性整体.追求紧凑性的例证如:“由于最近一个时期出现了群论、古典代数和域论方面的许多出色的表述,现在已有可能将这些导引性的部分紧凑地(但是完整地)写出来.”②(这是其著作得以问世的一个客观前提性条件.)显然,这段话本身也蕴含着 van der Waerden 的“组合”“概括”的思想.

展示思想方法——注重思想方法的外露,不仅是 van der Waerden 著书立说的一条原则,而且也是其重要的学习、研究数学的方法.只有明确了已有成果的方法论实质,才算真正领会了其精神;也只有这样,才能推陈出新或为推陈出新奠定一个良好的基础.不论是从思想上阐释已有成果,还是在此基础上有所创新,对于数学的发展来说,都是需要的,是有益的工作.van der Waerden 阐明成果的

① B.L.范·德·瓦尔登著:《群论与量子力学》,赵展岳等译,上海科技出版社 1980 年版,第 131 页.

② B.L.范·德·瓦尔登著:《代数学(Ⅰ)》,丁石孙等译,科学出版社 1978 年版,第 1 页.

方法论实质的习惯,从其《代数学史》中可略见一斑.

对于方法,van der Waerden 认识到了两种类型. 一种是原则性的方法,如由特殊到一般、类比等;另一种是命题性(原理型)方法. 它是以某命题为推理中介(桥梁)进行推论的一种方法(如引理的运用). 对于具体实例,van der Waerden 曾谈到,准素理想 q 与其一素理想(属于 q 的)p 及指数 ρ 的下列性质:

(1) $p^{e} \equiv 0(q) \equiv (p)$;

(2) 由 $fg \equiv 0(q)$ 及 $f \not\equiv 0(p)$ 就有 $g \equiv 0(q)$.

是两个极重要的方法(在理想论中),由此常常可以推导同余式 $f^{\rho}=0(q)$ 以及 $g \equiv 0(q)$. ①命题性方法具有普遍性,因任何一步逻辑推理基本上都要用到一个起媒介作用的命题.

原则性方法往往不具有机械性死程序,它只是一种思路模式;而命题性方法则不然,它是“死”的,只要推理中达到了前提条件,那么推理就一定可以跳到结论那一步(命题具有二重性:当人们仅注意命题本身时,它反映着前提和结论间的一种逻辑联系;当人们将其纳入推理链条时,便可以利用这种逻辑联系来进行推论,这时它便具有

① B. L. 范·德·瓦尔登著:《代数学(Ⅱ)》,曹锡华等译,科学出版社 1978 年版,第 511 页.

了方法性,成了逻辑的旅行途中的一座桥、一条船). 二者基本上构成了对方法的一个完全分类.

迄今为止,我们主要考虑了 van der Waerden 在生产建筑材料(具体成果、提出好的问题等)、勾画数学大厦图纸及具体建筑并修饰这座大厦等方面的一些思想方法,对于应用,尚未涉及. 对此,我们仅述一言,他的应用数学思想,主要是模型法,主要是用群论这一数学理论性模型来讨论量子力学问题. 图示如下:

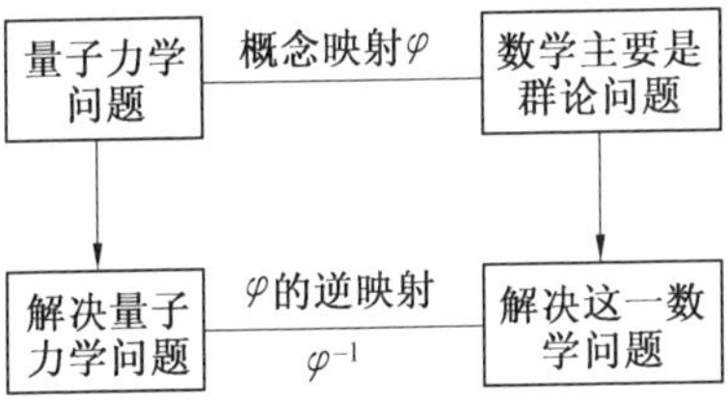

这反映着 RM 原则[①]的思想.

(1) 跟大师学习,读大师的著作,挖掘方法论本质.

(2) 既注重推陈出新,又注重做已有成果思想的阐释工作. 阐释也是一种创造.

(3) 既研究普通数学对象之间的联系,又研究已有成果之间的逻辑联系.

(4) 注重思维重点转移的原则.

---

① 徐利治:《数学方法论选讲》,华中科技大学出版社 1988 年第 2 版,第 15-29 页.

(5) 对数学美的追求,推动数学研究工作的进展.

本书适合优秀的高中生阅读.

清华大学附中校长王殿军说:“从某种意义上说,高中对人才的培养小于对人才的埋没”. 在中学,不论是学习好的,能力强的,还是学习吃力的,能力弱的学生,都要齐步走,用统一的教材,统一的考试,统一的节奏,对所有学生的培养近乎用完全一样的模式. 在这种模式下,要想满足所有学生的发展,是不可能的(王殿军,中国开设大学先修课程的挑战与思考[J],中国教师,2013. 5:14).

本书还适合大学生进行课外阅读. 中国人对教育的期待是出人头地,那最好的方式是选择一个相对客观的学科一鸣惊人. 因为文科主观性太强,不易出头,评价不统一,我们还是看看大家怎么说. 泰勒·考恩是哈佛大学经济学博士,现执教于乔治·梅森大学,2011年被《经济学人》杂志提名为过去十年“最具影响力的经济学家”,同年在《外交杂志》的“全球最顶尖的100位思想者”榜单上排名第72. 泰勒·考恩在接受《南方周末》采访时有段高论:

南方周末:如今有大量的中国留学生去美国读书,一张最近流行的图片,是在哥伦比亚大学统计学系的2015年硕士毕业名单,其中竟有80%是中国人. 你怎么看待这个现象?

泰勒:设想一下,假如你出生在美国一个白人家庭,父母很有钱,你也聪明,你可以通过比学统计学更简单的方法赚到钱,比如做经理、顾问,甚至金融行业,这些已经很难了,但仍旧比学数学、统计、工程学简单.

又假如你来自中国,出生在一个偏远小镇,没钱,没关系,如果来美国学习,就要通过一些完全客观的领域比如数学.你可以通过这种方式成为顶尖的人才,不需要任何外力帮助.另外,这些学科不会特别多地应用英语,所以你的英语不必是完美的.

所以,美国人做经理、顾问,中国人做统计、数据、工程师,分工就这样产生.

这对于中美双方都好.美国可以吸引中国人才,说实在的,很多美国人是太懒了,他们愿意做更简单的东西.对中国来说也是好事,这些人才通过这个渠道取得进步、获得成功,回国以后也有助于发展.

我们深以为然!